ISW Forschung und Praxis

Berichte aus dem Institut für Steuerungstechnik
der Werkzeugmaschinen und Fertigungseinrichtungen
der Universität Stuttgart

Herausgeber: Prof. Dr.-Ing. Dr. h.c. G. Pritschow

Band 110

Oliver Frager

Durchgängige Programmierung von Fertigungszellen

Springer-Verlag Berlin Heidelberg GmbH 1996

D 94

ISBN 978-3-540-60422-8   ISBN 978-3-662-06786-4 (eBook)
DOI 10.1007/978-3-662-06786-4

Dieses Werk ist urheberrechtlich geschützt. Die dadurch begründeten Rechte, insbesondere die der Übersetzung, des Nachdrucks, des Vortrags, der Entnahme von Abbildungen und Tabellen, der Funksendung, der Mikroverfilmung oder der Vervielfältigung auf anderen Wegen und der Speicherung in Datenverarbeitungsanlagen, bleiben, auch bei nur auszugsweiser Verwertung, vorbehalten. Eine Vervielfältigung dieses Werkes oder von Teilen dieses Werkes ist auch im Einzelfall nur in den Grenzen der gesetzlichen Bestimmungen des Urheberrechtsgesetzes der Bundesrepublik Deutschland vom 9. September 1965 in der jeweils geltenden Fassung zulässig. Sie ist grundsätzlich vergütungspflichtig. Zuwiderhandlungen unterliegen den Strafbestimmungen des Urheberrechtsgesetzes.

© Springer-Verlag Berlin Heidelberg 1996
Ursprünglich erschienen bei Springer-Verlag Berlin Heidelberg New York 1996.

Die Wiedergabe von Gebrauchsnamen, Handelsnamen, Warenbezeichnungen usw. in diesem Werk berechtigt auch ohne besondere Kennzeichnung nicht zu der Annahme, daß solche Namen im Sinne der Warenzeichen- und Markenschutz-Gesetzgebung als frei zu betrachten wären und daher von jedermann benutzt werden dürfen.

Sollte in diesem Werk direkt oder indirekt auf Gesetze, Vorschriften oder Richtlinien (z. B. DIN, VDI, VDE) Bezug genommen oder aus ihnen zitiert worden sein, so kann der Verlag keine Gewähr für Richtigkeit, Vollständigkeit oder Aktualität übernehmen. Es empfiehlt sich, gegebenenfalls für die eigenen Arbeiten die vollständigen Vorschriften oder Richtlinien in der jeweils gültigen Fassung hinzuzuziehen.

Gesamtherstellung: Druckerei Kuhnle, Esslingen
SPIN: 10518615   62/3020-543210

Geleitwort des Herausgebers

In der Reihe „ISW Forschung und Praxis" wird fortlaufend über Forschungsergebnisse des Instituts für Steuerungstechnik der Werkzeugmaschinen und Fertigungseinrichtungen der Universität Stuttgart (ISW) berichtet, das sich in vielfältiger Form mit der Weiterentwicklung des Systems Werkzeugmaschine und anderer Fertigungseinrichtungen beschäftigt. Die Arbeiten dieses Instituts konzentrieren sich im besonderen auf die Bereiche Numerische Steuerungen, Prozeßrechnereinsatz in der Fertigung, Industrierobotertechnik sowie Meß-, Regel- und Antriebssysteme, also auf die aktuellsten Bereiche der Fertigungstechnik. Dabei stehen Grundlagenforschung und anwenderorientierte Entwicklung in einem stetigen Austausch, wodurch ein ständiger Technologietransfer zur Praxis sichergestellt wird.

Die Buchreihe erscheint in zwangloser Folge und stützt sich auf Berichte über abgeschlossene Forschungsarbeiten und Dissertationen. Sie soll dem Ingenieur bei der Weiterbildung dienen und ihm Hilfestellungen zur Lösung spezifischer Probleme geben. Für den Studierenden bietet sie eine Möglichkeit zur Wissensvertiefung. Sie bleibt damit unter erweitertem Namen und neuer Herausgeberschaft unverändert in der bewährten Konzeption, die ihr der Gründer des ISW, der leider allzu früh verstorbene Prof. Dr.-Ing. G. Stute, im Jahre 1972 gegeben hat.

Der Herausgeber dankt der Druckerei für die drucktechnische Betreuung und dem Springer-Verlag für Aufnahme der Reihe in sein Lieferprogramm.

G. Pritschow

Vorwort

Die vorliegende Arbeit entstand während meiner Tätigkeit als wissenschaftlicher Mitarbeiter am Institut für Steuerungstechnik der Werkzeugmaschinen und Fertigungseinrichtungen der Universität Stuttgart.

Dem Institutsleiter, Herrn Prof. Dr.-Ing. Dr. h.c. G. Pritschow gilt mein besonderer Dank für das Interesse an der Arbeit und für die hilfreichen Anregungen sowie kritischen Diskussionen, die zum Gelingen der Arbeit beigetragen haben.

Ebenso danke ich Herrn Prof. Dr.-Ing. Dr. h.c. U. Heisel für seine Bereitschaft, den Mitbericht zu übernehmen.

Herrn Prof. Dr.-Ing. A. Storr und Herrn Dr.-Ing. K.-H. Wurst danke ich für ihre sorgfältige Durchsicht des Manuskripts und ihre inhaltlich wertvollen Vorschläge und Anregungen.

Herzlich bedanken möchte ich mich auch bei allen Kolleginnen und Kollegen sowie Studenten für die gute Zusammenarbeit und die gemeinsam verbrachte, schöne Institutszeit. Besonders erwähnen möchte ich hier Herrn Dr.-Ing. Dipl.-Inform. H. Schumacher, Herrn Dr.-Ing. Dipl.-Inform. M. Bauder, Herrn Dr.-Ing. E. Wieland, Herrn Dipl.-Inform. R. Angerbauer, Frau Dipl.-Wi.-Ing. S. Gsottschneider, Herrn Dipl.-Ing. G. Hochholzer, Herrn Dipl.-Ing. T. Jost und Herrn Dipl.-Ing. F. Martin.

Oliver Frager

Inhaltsverzeichnis

Abkürzungen

1.	Einleitung	11
2.	Roboterbestückte Fertigungszellen und deren Programmierverfahren	15
2.1.	Einordnung von Fertigungszellen in hierarchische Fabrikmodelle	15
2.2.	Aufgaben einer Fertigungszelle	21
2.3.	Aktorik und Sensorik von Fertigungszellen	22
2.4.	Steuerungen und deren Programmierverfahren	23
2.4.1.	Zellensteuerungsebene	25
2.4.1.1.	Steuerungskonfigurationen auf Zellenebene	25
2.4.1.1.1.	Speicherprogrammierbare Steuerungen	25
2.4.1.1.2.	Zellenrechner	26
2.4.1.1.3.	Freie Zellensteuerung	26
2.4.1.2.	Analyse der Programmierverfahren auf Zellenebene	27
2.4.2.	Maschinensteuerungsebene	29
2.4.2.1.	Steuerungskonfigurationen auf Maschinensteuerungsebene	29
2.4.2.2.	Analyse der Programmierverfahren auf Maschinensteuerungsebene	30
2.4.2.2.1.	RC-Programmierverfahren	31
2.4.2.2.2.	NC-Programmierverfahren	36
2.4.2.2.3.	SPS-Programmierverfahren auf Maschinensteuerungsebene	37
2.5.	Bewertung	39

2.6.	Zusammenfassung	40
3.	Anforderungen an ein durchgängiges Fertigungszellen-Programmierverfahren und Lösungsvarianten	42
3.1.	Anforderungen	42
3.1.1.	Konzeptionelle Anforderungen	43
3.1.2.	Funktionale Anforderungen	51
3.2.	Lösungsvarianten	54
3.2.1.	Entwurf eines neuen Programmierverfahrens	55
3.2.2.	Ausschließliche Verwendung eines vorhandenen Programmierverfahrens	55
3.2.3.	Erweiterung eines vorhandenen Programmierverfahrens	56
3.2.4.	Kombination und Erweiterung vorhandener Programmierverfahren	57
3.2.5.	Bewertung	58
4.	Entwurf eines durchgängigen Fertigungszellen-Programmierverfahrens	60
4.1.	Gesamtkonzept	60
4.2.	Durchgängiges Fertigungszellen-Programmierverfahren	63
4.3.	Software-Modell	65
4.3.1.	Hierarchisierung	66
4.3.2.	Modularisierung	67
4.3.2.1.	Programmbausteine	68
4.3.2.2.	Module	71
4.3.3.	Aktivierungs- und Ablaufsteuerung	73
4.3.4.	Behandlung von Fehler- und Ausnahmesituationen	79
4.3.5.	Datentypen	85
4.3.6.	Datenobjekte	89

4.3.7.	Kommunikation und Sensorik	91
4.3.8.	Geometriedaten-Verarbeitung	94
4.3.9.	Technologie-Datenverarbeitung	97
4.4.	Abbildung auf ein universelles Fertigungszellen-Steuerungsmodell	100
4.4.1.	Entwurf des Modells	100
4.4.2.	Behandlung von Programmbausteinen	105
4.4.3.	Behandlung von Fehler- und Ausnahmesituationen	109
4.5.	Zusammenfassung	113
5.	Realisierung eines durchgängigen Fertigungszellen-Programmiersystems	114
5.1.	Gesamtsystem	114
5.2.	Übersetzermodul	115
5.3.	Simulations- und Testsystem	119
5.4.	Einsatz in einer realen Roboterzellensteuerung	122
6.	Zusammenfassung	125
7.	Literaturverzeichnis	126
8.	Anhang	135
8.1.	Korrespondierende Begriffe des durchgängigen Programmierkonzepts und der steuerungsspezifischen Normen	135

Abkürzungen

APT	Automatically Programmed Tools, Teileprogrammiersprache
CAD	Computer Aided Design, rechnergestütztes Entwerfen
CAM	Computer Aided Manufacturing, technische Steuerung und Überwachung
CAP	Computer Aided Planing, Arbeitsplanung
CAQ	Computer Aided Quality Assurance, Qualitätssicherung
CIM	Computer Integrated Manufacturing, rechnerintegrierte Konstruktion und Produktion
EXAPT	Extended subset of APT, Teileprogrammiersprache
ICR	Intermediate Code for Robots, ISO/CD 10562, roboterspezifischer Zwischencode
IRDATA	Industrial Robot Data, DIN 66314, roboterspezifischer Zwischencode
IRL	Industrial Robot Language, DIN 66312, Programmiersprache für Industrieroboter
NC	Numerical Control, numerische Steuerung
PLR	Programming Language for Robots, ISO/WD 11513, Programmiersprache für Industrieroboter
RC	Robot Control, Robotersteuerung
SPS	Speicherprogrammierbare Steuerung
STEP	Standard of Exchange of Product Model Data

1. Einleitung

Die wachsenden Anforderungen an die Flexibilität von Automatisierungsanlagen haben in den letzten Jahren zum verstärkten Einsatz von roboterbestückten Fertigungszellen geführt. Roboterbestückte Fertigungszellen vereinen Industrieroboter mit peripheren, technologiespezifischen und Zuführungs-Einrichtungen sowie deren Steuerungssysteme zu einem räumlich konzentrierten, weitgehend universell einsetzbaren Werkzeug.

Neuere Konzepte für die Strukturierung von fertigungstechnischen Betrieben /1,2/ legen im allgemeinen hierarchische Modelle zugrunde, deren einzelne Hierarchieebenen abgegrenzte, definierte Aufgabenstellungen besitzen. Einzelgeräte sind in die Maschinenebene dieser Strukturmodelle eingeordnet, deren Koordinierung die übergeordnete Zellenebene übernimmt.

Diese Fortschritte in der Konzeption von Fertigungsanlagen erfordern entsprechend angepasste Programmierkonzepte. Seither waren die Programmierverfahren auf die spezifischen Einzelgeräte zugeschnitten, welche wiederum für bestimmte, abgegrenzte Aufgabenstellungen spezialisiert entworfen waren.

So werden numerisch gesteuerte Maschinen wie Dreh- oder Fräsmaschinen vorwiegend mit der textuellen Programmiersprache nach DIN 66025 /4/ programmiert und Industrieroboter mit herstellerspezifischen textuellen Programmiersprachen /5/ und Einlernverfahren (Teach-In). Speicherprogrammierbare Steuerungen (SPS) zur Steuerung von Peripheriegeräten und Zuführeinrichtungen sowie zur Ablaufsteuerung werden entweder mit der assembler-ähnlichen Anweisungsliste nach DIN 19239 oder mit den graphischen Programmierverfahren Kontaktplan und Funktionsplan programmiert.

Diese gängigen Programmierverfahren besitzen Nachteile:

- erhöhter Einlern- und Programmverwaltungsaufwand sowie geringe Flexibilität durch geräte- und herstellerspezifische Verfahren

- hohe Kosten bei der On-line-Programmierung vor Ort am Gerät durch Stillstandzeiten

- keine Durchgängigkeit der Programmierverfahren auf Zellen- und Maschinenebene

In Forschungs- und Entwicklungsarbeiten wurden Verfahren zur Beseitigung einiger der genannten Nachteile entwickelt:

- Normung der steuerungsspezifischen Programmiersprachen zur Überwindung der Herstellerabhängigkeit /6,7/

- Vereinheitlichung der Einzelsteuerungsprogrammierung /3/

- Verfahren zur gerätefernen (offline) Programmierung sowie Test und Optimierung unter Nutzung von graphischen Simulationssystemen /8,10/

- Implizite- und aufgabenorientierte Programmierverfahren für ausgewählte Problemklassen /11,12/

- Kopplung der Bereiche Konstruktion, Planung und Programmierung mit automatisierter Datenübernahme /13/

Im Rahmen dieser Arbeit soll insbesonder das Problem der mangelnden Durchgängigkeit der Anwenderprogrammierung von Steuerungen auf Zellen- und Maschinenebene untersucht werden. Es soll ein durchgängiges Programmierverfahren entwickelt werden, das mit bestehenden Programmierverfahren und derzeit entstehenden Sprachnormen harmoniert. Diese Arbeit knüpft damit an eine Forschungsarbeit /3/ an, in der ein Konzept zur Vereinheitlichung der Programmierung von Einzelsteuerungen vorgestellt wurde. Die Vorteile der einheitlichen Programmierung sollen in diese Arbeit einbezogen werden und in ein Konzept zur durchgängigen Programmierung auf Zellen- und Maschinenebene überführt werden.

Es sollen schwerpunktmäßig folgende Zielsetzungen verfolgt werden, die in /3/ noch nicht ausreichend behandelt wurden:

- Entwurf von Methoden und Konzepten zur Verbesserung der vertikalen Durchgängigkeit der Programmierung auf Zellen- und Maschinenebene

- Auslegung eines allgemeinen Sprachkonzepts, welches auch in Fertigungszellen ohne Roboterbestückung wie etwa Drehzellen vorteilhaft eingesetzt werden kann,

- Angleichung des durchgängigen Sprachkonzepts an entstandene Sprachnormen zur Anwenderprogrammierung /6,7/.

Ziel dieser Arbeit ist die Konzeption eines Programmierverfahrens für roboterbestückte Fertigungszellen, welches die Aufgabenstellungen auf Zellen- und Maschinenebene ganzheitlich und durchgängig abdeckt sowie der Entwurf und die Realisierung eines zugehörigen Programmiersystems. Dieses Programmiersystem soll über eine ebenfalls zu entwerfende universelle Steuerungsschnittstelle sowohl offline an ein Simulationssystem als auch online zur Programmierung einer roboterbestückten Fertigungszelle angebunden werden.

In der folgenden Abhandlung wird zunächst ein kurzer Überblick über die Einordnung von Fertigungszellen in moderne Strukturen von Fertigungsfabriken gegeben. Es werden die derzeit auf Zellen- und Maschinenebene vorwendeten Programmierverfahren analysiert und bewertet. Auf Basis dieser Analyse und der genannten Zielsetzungen werden die Anforderung an ein zu entwerfendes Programmierverfahren zusammengestellt. Hieraus wird ein Konzept für die durchgängige Programmierung abgeleitet und dargestellt. Die Beschreibung der Realisierung eines erstellten zugehörigen Programmiersystems sowie die Darstellung von Fallbeispielen bilden den Abschluß.

2. Roboterbestückte Fertigungszellen und deren Programmierverfahren

2.1. Einordnung von Fertigungszellen in hierarchische Fabrikmodelle

Die Entwicklung bei der Auslegung von Fertigungsbetrieben führte insbesondere in den vergangenen beiden Jahrzehnten in immer stärkerem Maße zu komplexen Einrichtungen, deren Beherrschung zunehmend aufwendiger wird. Diese Entwicklung findet ihre Rechtfertigung in den Gesetzmäßigkeiten des Marktes /5/, die eine ständige Anpassung der Fertigungseinrichtungen an neue Erfordernisse mit sich bringen.

Für die Konzeption eines Fertigungsbetriebs bedeutet dies, daß bei möglichst ressourcensparender Produktionsweise möglichst schnell auf Kundenwünsche reagiert werden muß. Trotz der hiermit verbundenen Verkürzung der Produktentwicklungszeit ist hierbei ein maximaler Qualitätsstandard zu wahren.

Dieser Tendenz kann nur durch hochflexible Systeme Rechnung getragen werden. Die Forderung nach Flexibilität erstreckt sich hierbei über sämtliche Bereiche eines Fertigungsbetriebs, also auch administrative, planerische oder markt- bzw. konsumentennahe Bereiche. Zur raschen und bedarfsgerechten Reaktion auf die sich ständig ändernden Konsumentenanforderungen bedarf es neben der Flexibilität der Teilbereiche auch einer effizienten Verknüpfung im informations- und materialflußtechnischen Sinne aller Teilbereiche eines Fertigungsbetriebs.

Zur Steigerung der Beherrschbarkeit des komplexen Gesamtsystems eines Fertigungsbetriebes werden Systemstruktur-

Modelle vorgeschlagen, die im allgemeinen einen Fertigungsbetrieb zunächst in grobe Bereiche mit hinreichend eindeutiger Aufgabenbeschreibung und möglichst klaren Schnittstellen zwischen den Bereichen einteilen. Hierunter fallen Bereiche wie Planung, Entwurf, Fertigung oder Qualitätssicherung. Diese Bereiche sind ihrerseits wieder in Unterbereiche zergliedert, wobei eine Hierarchisierung entsteht. Die durchgängige Integration dieser Bereiche wird im Rahmen von Fabrik-Modellen /1,2/ angestrebt.

Bild 2.1 zeigt das Zusammenwirken einzelner Funktionsbereiche eines Fertigungsbetriebs im CIM-Umfeld, die nach /29/ eine Dienstleistungshierarchie bilden und hierbei entweder der Planungsebene oder der Betriebsebene zugeordnet sind. Die Planungsebene unterteilt sich in einen organisatorischen Bereich mit Funktionen der Logistik und des Rechungswesens sowie der Produktionsplanung und einen technischen Bereich mit der Konstruktion und der Arbeitsvorbereitung.

Betrachtet man die Verknüpfung der Teilbereiche, so ist zwischen dem Informationsfluß, dem Materialfluß und dem Energiefluß zu unterscheiden. Letzterer soll hier nicht weiter betrachtet werden. Unter Berücksichtigung dieser Größen ergibt sich nach /2/ eine hierarchische Struktur eines Fabrikmodells. (Bild 2.2).

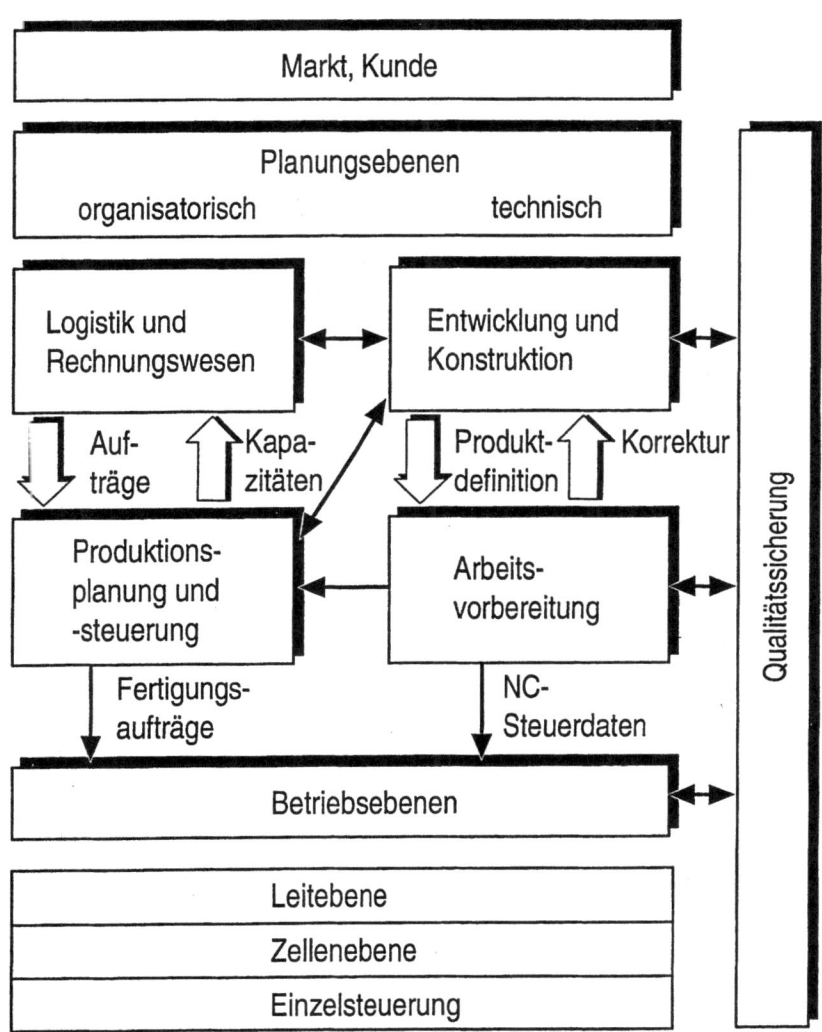

Bild 2.1: CIM-Modell eines Fertigungsbetriebs

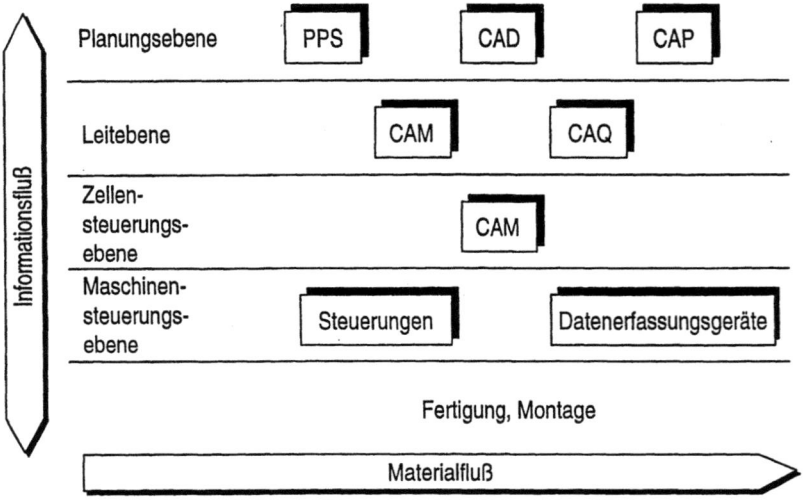

Bild 2.2: Hierarchisch strukturiertes Fabrikmodell nach /2/

Setzt man dieses Strukturierungsprinzip konsequent fort, so kann ein hierarchisches 7-Schichtenmodell eines Fertigungsbetriebs /3/ konstruiert werden.

Legt man neben der informationsflußtechnischen Komponente auch einen verstärkten Schwerpunkt auf die Betrachtung des Materialflußes, so kann eine Fertigungslandschaft in spezialisierte Fertigungsinseln, die sogenannten Fertigungszellen /9/ eingeteilt werden. Fertigungszellen können als weitgehend autonome Subsysteme betrachtet werden, die sich informations- und materialflußtechnisch nach Bild 2.3 in das Fabrikumfeld einordnen.

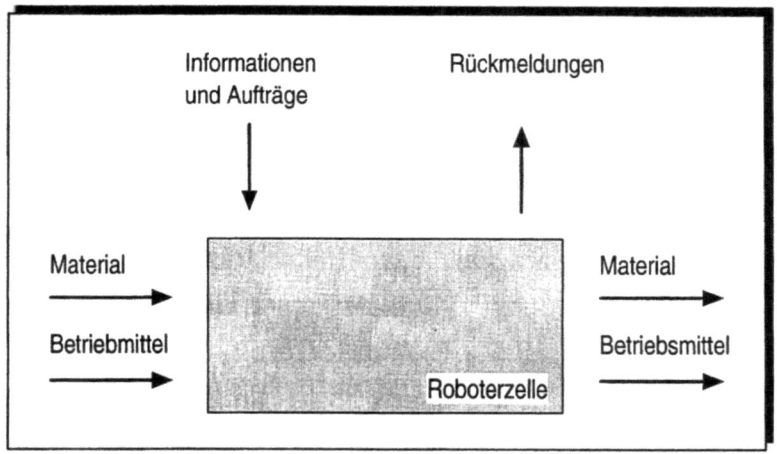

Bild 2.3: Integration einer Fertigungszelle in das Fabrikumfeld

Die strukturelle Einordnung einer Fertigungszelle umfasst die unteren 4 Schichten des 7-Schichten-Modells. Eine Fertigungszelle umfaßt somit gegebenenfalls mehrere Einzelsteuerungen sowie die übergeordnete Instanz zur Verwaltung, Steuerung und Koordinierung der Einzelsteuerungen.

Bild 2.4 zeigt den hierarchischen Aufbau einer roboterbestückten Fertigungzelle. Die Funktionseinheiten Verwaltung, Organisation, Diagnose und Kommunikation werden hierbei vorrangig in der Zellenfunktions-Ebene (Ebene 4) abgewickelt. Die Steuerung ist in Ebene 4 (Ablauf, Materialfluß, Werkzeughandling) und Ebene 3 (Fertigungsvorgang, Sensorik) eingeordnet.

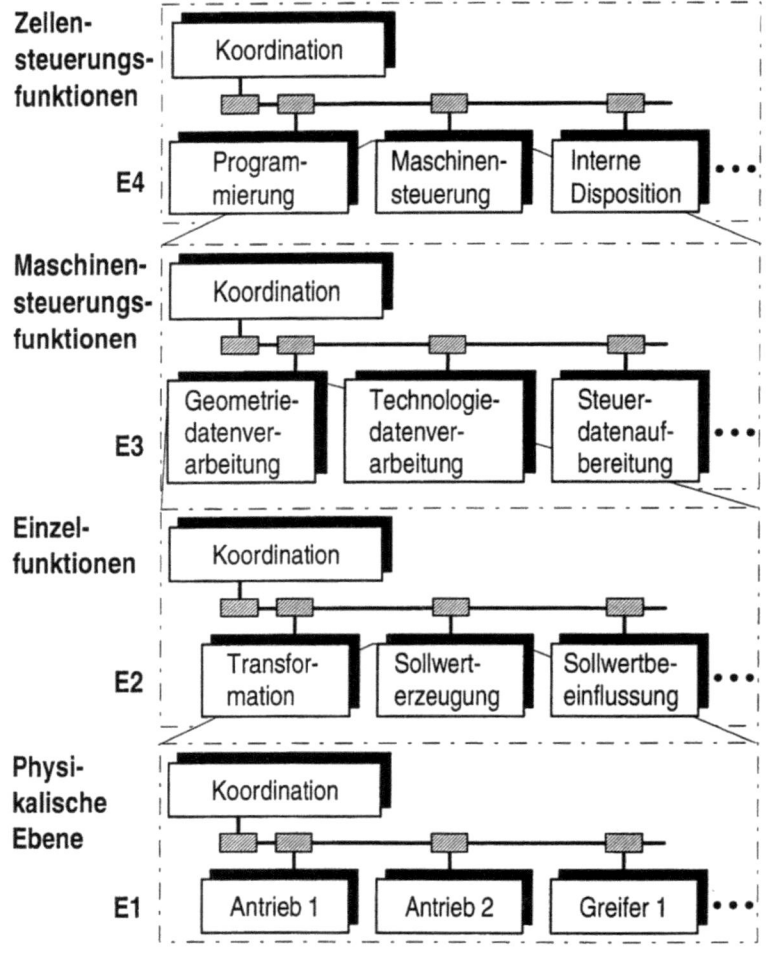

Bild 2.4: hierarchisches Funktionsmodell einer roboterbestückten Fertigungszelle

2.2. Aufgaben einer Fertigungszelle

Die wesentlichen Aufgabenen, die in Fertigungszellen bearbeitet werden, sind in Tabelle 2.1 dargestellt.

Verwaltung und Organisation von
- Aufträgen
- Werkzeugen
- Werkstücken
- Steuerdaten

Kommunikation mit
- Bedien-/Wartungspersonal vor Ort
- dem Leitsystem
- peripheren Baugruppen

Steuerung
- des Ablaufs
- des Materialflußes
- der Werkzeughandhabung
- des Fertigungsvorgangs einschließlich der Technologie

Diagnose
- der Hardware
- der Software

Tabelle 2.1: Aufgaben von Fertigungszellen

Die Bearbeitung dieser Aufgabenstellungen kann zum Teil mit Funktionen durchgeführt werden, die vom Gerätehersteller bereitgestellt werden oder es müssen entsprechende Funktionen vom Anwender programmiert werden. Aus diesem Grund muß die zu entwerfende Programmiersprache entsprechende Mechanismen zur Anwenderprogrammierung bereitstellen.

2.3.   Aktorik und Sensorik von Fertigungszellen

physikalisches Prinzip	Aktorik	Sensorik
mechanisch	• kinematische Ketten • spanende Werkzeuge • umformende Werkzeuge • fügende Werkzeuge • trennende Werkzeuge	• taktil
elektrisch	• Punktschweißen	• induktiv • kapazitiv • ohm'sch
optisch	• Laserstrahl	• Laserabtastung • Bildverarbeitung • sonstige Lichtmeßsysteme
sonstige	• Wasserstrahlschneiden • Schutzgasschweißen	

Tabelle 2.2:   Aktor- und Sensorbaugruppen in Fertigungszellen

Zur Durchführung von Bearbeitungsaufgaben wie beispielsweise Fügen, Beschichten, Trennen, Ur- und Umformen ver-

-ügen Fertigungszellen über eine Reihe von Aktor- und
Sensorbaugruppen.

Tabelle 2.2 gibt eine Übersicht über Aktor- und Sensorbaugruppen in Fertigungszellen. Die Auswertefunktionen
der Sensorbaugruppen sowie die Ansteuerung oder Parametrierung der Aktorbaugruppen müssen teilweise vom Anwender programmiert werden. Hierfür sind in der zu entwer-
fenden Programmiersprache geeignete Mechanismen zu integrieren.

2.4.   Steuerungen und deren Programmierverfahren

Die in Fertigungszellen zum Einsatz kommenden Steuerungen
sind im wesentlichen Zellenrechner, numerische Steuerungen (numerical control (NC)), Robotersteuerungen (robot

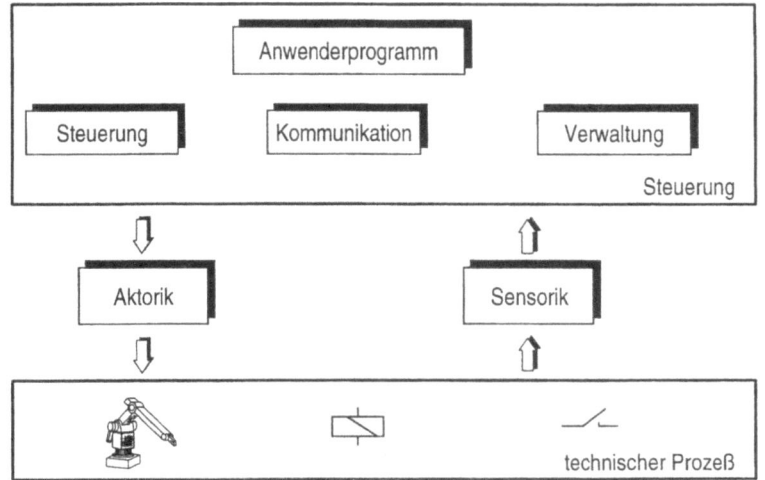

Bild 2.5:   Modell eines Prozeßrechners

control (RC)) und speicherprogrammierbare Steuerungen (SPS). Der prinzipielle Aufbau dieser Steuerungen entspricht dem eines Prozeßrechners (Bild 2.5).

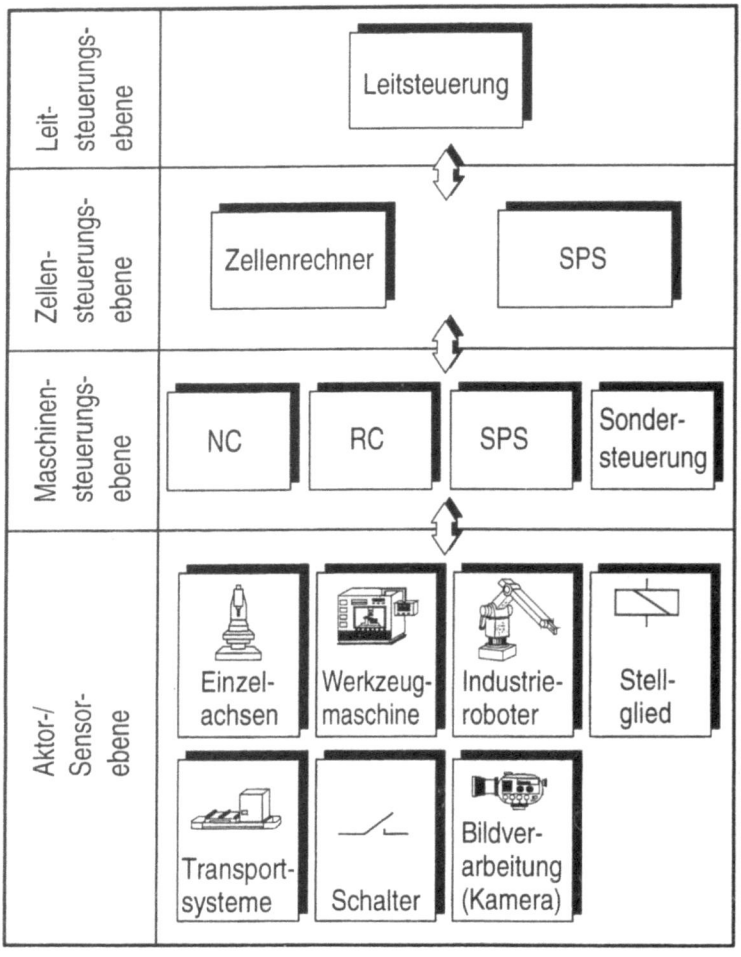

Bild 2.6: Steuerungen auf Zellen- und Maschinenebene

Auf Zellensteuerungsebene werden alternativ SPS oder Zellenrechner eingesetzt, auf Maschinensteuerungsebene Robotersteuerungen, numerische Steuerungen, SPS oder Sondersteuerungen (Bild 2.6).

2.4.1. Zellensteuerungsebene

Die Zellensteuerungsebene ist für die Verwaltung und Abwicklung von Fertigungsaufträgen innerhalb einer Fertigungszelle zuständig. Hierzu werden Maschinensteuerungsprogramme sowie die zusätzlich benötigten Geometrie-, Technologie- und Begleitdaten zellenlokal disponiert, sowie zeitgerecht aktiviert und koordiniert. Ein weiterer Aufgabenschwerpunkt ist die zelleninterne Betriebsmittel- und Werkstück-Verwaltung und -Disposition.

Neben diesen zentralen Aufgaben werden Funktionen zur Qualitätssicherung, Betriebsdatenerfassung oder auch zur lokalen Bedienung abgewickelt.

2.4.1.1. Steuerungskonfigurationen auf Zellenebene

Da speziell in der Zellensteuerungsebene eine enge Verknüpfung von gewählter Steuerungskonfiguration und damit einhergehendem Steuerungs- und Programmierverfahren gegeben ist, seien hier zunächst einige typische Konfigurationen dargestellt.

2.4.1.1.1. Speicherprogrammierbare Steuerungen

Der Einsatz von speicherprogrammierbaren Steuerungen (SPS) auf Zellensteuerungsebene erscheint aus mehreren Gründen sehr vorteilhaft und ist dementsprechend häufig anzutreffen:

- verbreitete Programmiermethode

- ausbaufähige Funktionalität

- erprobtes und eingeführtes Konzept

Eine SPS, die auf Zellensteuerungsebene eingesetzt wird, nimmt eine zentrale Funktion ein, wobei Einzelsteuerungen wie NC, RC oder auch andere SPS untergeordnet sind. Hierbei kann die Zellensteuerungs-SPS gegebenenfalls zusätzliche Maschinensteuerungsfunktionen übernehmen.

2.4.1.1.2. Zellenrechner

Das Konzept eines universellen Zellenrechners /16/ besitzt als Kern eine universelle Ablaufsteuerung, wobei die vom Anwender vorgegebene Ablaufvorschrift von Petri-Netz- /8/ und zustandsorientierten Algorithmen abgearbeitet werden können. Das Konzept ist unabhängig von bestimmten gerätetechnischen Konfigurationen. Mit dem Einsatz von Zellenrechnerkonzepten wird die Durchgängigkeit des vertikalen betrieblichen Informationsflußes bei gleichzeitiger Entlastung von hierachisch über- und untergeordneten Ebenen angestrebt.

2.4.1.1.3. Freie Zellensteuerung

Eine weitere gängige Alternative ist die Zuordnung der Zellensteuerungsaufgaben zu über- und untergeordneten Instanzen, ohne daß dort ein expliziter Zellensteuerungsalgorithmus vorläge. Sie sei hier als freie Zellensteuerung behandelt.

So kann etwa die übergeordnete Leitsteuerungsebene sämtliche Aktivierungen von Einzelsteueraktionen direkt vornehmen. Auch die Koordinierung von Maschinensteuerungsak-

tionen kann, zumindest in einfach gelagerten Fällen von
den Maschinensteuerungen direkt durchgeführt werden.

2.4.1.2. Analyse der Programmierverfahren auf Zellenebene

Die Steuerungs- und Programmierverfahren der Zellensteuerungsebene stehen in engem Zusammenhang. Der eigentliche Steuerungsvorgang, daß heißt die Vorschrift über die koordinierte Aktivierung von Maschinensteuerungsaktionen wird erst durch eine frei vorgebbare Vorschrift festgelegt. Diese Vorschrift kann beispielsweise in einem Anwenderprogramm abgelegt sein. Die Konzeption des Programmierverfahrens richtet sich hierbei nach der gewählten Steuerungskonfiguration.

Die Programmierverfahren für SPS haben zum Teil eine langjährige Tradition, weshalb sich hier mehrere Konzepte gleichzeitig durchgesetzt haben und auch jedes in seinem speziellen Einsatzfall seine Berechtigung findet.

Die gegenwärtig entstehende internationale Norm IEC/DIS 1131-3 /7/ für SPS-Programmiersprachen faßt die am meisten verbreiteten SPS-Programmierverfahren zusammen und fügt diesen drei neue Methoden hinzu. Eine dieser neuen Methoden ist die textuelle Programmiersprache 'Strukturierter Text' (ST), die auf PASCAL-ähnlichem Niveau die Programmierung von Programmbausteinen ermöglicht.

Die beiden anderen Verfahren sind insbesondere auf Zellensteuerungsebene vorteilhaft anwendbar. Es sind dies ein Verfahren zum zeitplanmäßigen Abarbeiten von Programmbausteinen im Sinne von Tasks (Prozessen) sowie die 'Sequential Function Chart'- Methode (SFC), die weitgehend als eine Untermenge von allgemeinen Petri-Netzen /21/ gesehen werden kann, wobei es die prinzipiellen Abarbeitungsvorschriften Sequenz, Wiederholung, Alternative und Parallelverarbeitung von einzelnen Funktionsbausteinen ermöglicht.

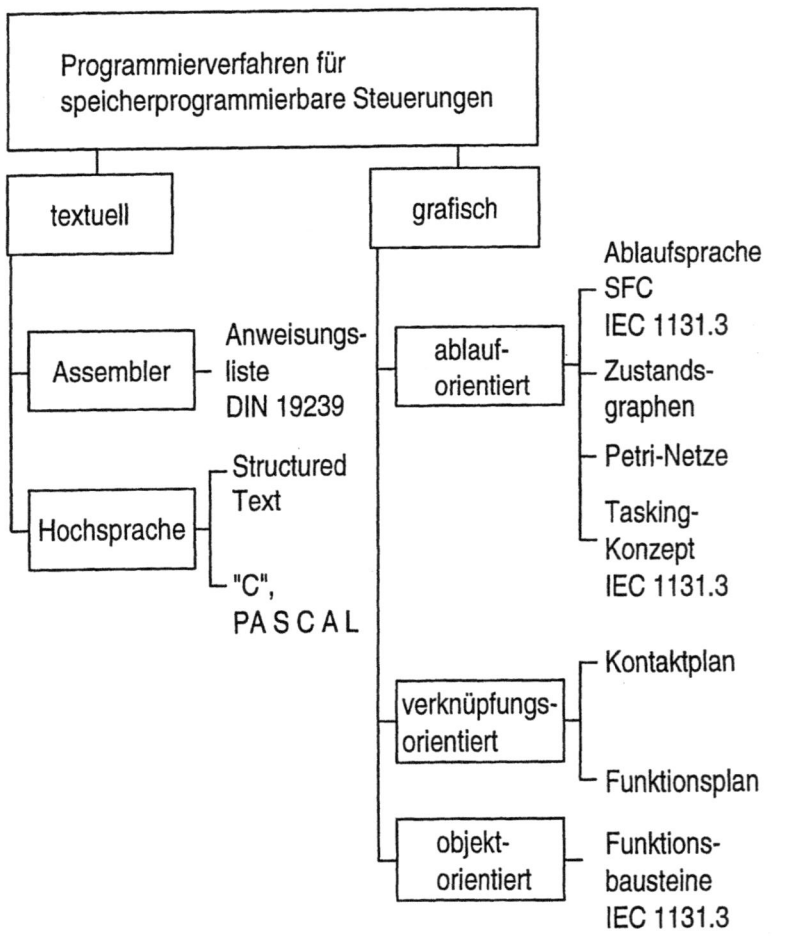

Bild 2.7: SPS-Programmierverfahren

Ferner sind in der IEC/DIS 1131-3 einige MMS-orientierte Basis-Kommunikationsfunktionen /30,31,32,33/ enthalten, wie beispielsweise Senden und Empfangen von Nachrichten ("SEND", "RECEIVE") oder Lesen und Schreiben von Daten ("READ", "WRITE") über Zugriffspfade (Access Paths).

Neben diesen zur Normierung eingebrachten Verfahren existieren weitere Methoden zur SPS-Programmierung wie Zustandsgraphenprogrammierung /17/ oder Petri-Netz-Programmierung /18/. Diese Verfahren basieren auf Netz-Konzepten bei der Behandlung paralleler Aktivitäten und stehen somit nicht im Widerspruch zu den Normvorschlägen. Auch die Programmierung von einzelnen Modulen in Standardhochsprachen wie "C" /14/ oder PASCAL /15/ ist häufig anzutreffen. Bild 2.7 gibt eine Übersicht über SPS-Programmierverfahren.

Für die Ablaufsteuerung in einem Zellenrechnerkonzept /16/ eignet sich insbesondere eine Zustandsgraphen- oder Petri-Netz-orientierte Programmierung /17,18/. Für die Erstellung der entsprechenden Ablaufvorschriften kommen textuelle oder graphische Methoden in Frage.

2.4.2. Maschinensteuerungsebene

In der Maschinensteuerungsebene werden die Geräte zur Abwicklung der fertigungstechnischen Grundfunktionen angesteuert.

2.4.2.1. Steuerungskonfigurationen auf Maschinensteuerungsebene

Im Laufe der Entwicklung von rechnergestützten Maschinensteuerungen war zunächst eine zunehmende Spezialisierung in einzelne Steuerungstypen entsprechend der Vielfalt von fertigungstechnischen Aufgabenstellungen zu beobachten.

So entstanden neben numerischen Steuerungen (NC) für Fräs- oder Drehbearbeitungen beispielsweise Meßmaschinensteuerungen (MC) oder Robotersteuerungen (RC) und eine Reihe von Sondersteuerungen, die jedoch alle funktionale Überdeckungen aufweisen.

2.4.2.2. Analyse der Programmierverfahren auf Maschinensteuerungsebene

Die Vielfalt von Steuerungstypen auf Maschinensteuerungsebene hat die Entwicklung einer großen Zahl von spezifischen Programmierverfahren zur Folge gehabt. Trotz dieser großen Zahl unterschiedlicher Programmierverfahren lassen sich einige grundsätzliche Programmierkonzepte darstellen, die in vielen Programmierverfahren Anwendung finden. Diese sind teilweise geräte- bzw. steuerungsspezifisch, teilweise technologie- oder aufgabenspezifisch, entsprechen bestimmten, zum Teil aus der Informatik bekannten Konzepten oder sind auf spezifische Anwendergruppen ausgerichtet.

Aufgrund der vorherrschenden Dominanz der steuerungsspezifischen Programmierverfahren soll die weitere Untersuchung anhand dieses Klassifizierungsmerkmals eingeteilt sein, wobei die anderen Klassifizierungsmerkmale an entsprechender Stelle mit eingebracht werden. Im folgenden werden RC- und NC-Programmierverfahren sowie SPS-Programmierverfahren, soweit sie Maschinensteuerfunktion ausführen, untersucht. Meßmaschinensteuerungen und Fahrzeugsteuerungen werden hierbei weitgehend als Spezialfälle von NC und RC betrachtet.

2.4.2.2.1. RC-Programmierverfahren

Da Robotersteuerungen und die von ihnen gesteuerte mechanische Aktorik als die flexibelsten Einzelkomponenten innerhalb der fertigungstechnischen Werkzeug-Palette angesehen werden können, beinhaltet die Darstellung der hierbei angewandten Programmierverfahren auch den größten Teil der sonst auf Maschinensteuerungsebene zum Einsatz kommenden Verfahren. Ihre Behandlung an vorderster Stelle bietet sich daher an.

online	Teach-In	Geometrieerfassung (zum Teil sensorgestützt)
		Abläufe
online und offline	explizite textuelle Programmierung (BASIC-, PASCAL-ähnlich)	
	hybride Programmierung (z.B. Teach-In + explizite Programmierung)	
offline	Generierung von Geometrie- und Technologiedaten aus CAD-Systemen	
	aufgabenorientierte Programmierung (z.B. Leiterplattenbestückung)	
	implizite, werkstückorientierte Programmierung (LEGE teil_1 VON a NACH b)	
	objekt-orientierte Programmierverfahren	

Bild 2.8: Programmierverfahren für Robotersteuerungen

Bild 2.8 zeigt eine Übersicht über gängige und konzeptiorell neuartige RC-Programmierverfahren. Neben diesen konzeptionell unterschiedlichen Verfahren ist noch eine Unterscheidung zwischen On-line-, daß heißt vor Ort an der Maschine und Off-line-Programmierung an einem werkstattfernen Rechner, meist unter Zuhilfenahme von Simulationssystemen, vorzunehmen. Die Off-line-Programmierung hilft, Stillstandszeiten bei der Programmierung von Werkzeugmaschinen einzusparen. Dabei wird eine Durchgängigkeit von Off-line- und On-line-Programmierung durch Einsatz gleicher Programmier- und Steuerungskonzepte für reale und simulierte Konfiguration angestrebt /19/.

Bei den unterschiedlichen RC-Programmierverfahren belegen die Einlernverfahren (Teach-In) nach wie vor den Hauptanteil in der industriellen Anwendung. Hierbei werden, unter Inkaufnahme von teilweise erheblichen Stillstandszeiten, die Bewegungsstützpunkte und technologischen Parameter vor Ort an der Werkzeugmaschine aufgenommen.

Die noch immer bestehende Dominanz dieses sehr kostenintensiven Verfahrens läßt sich durch die bestehenden Unzulänglichkeiten von reinen Off-line- und insbesondere CAD-orientierten Programmierverfahren begründen. Die Unzulänglichkeiten liegen insbesondere in den noch ungenügenden Nachbildungen von statischen und dynamischen Eigenschaften der am Fertigungsprozess beteiligten Komponenten begründet, aber auch an der bisher ungenügenden Einführung von genormten, effizienten Schnittstellen, die sowohl geometrische, als auch technologische Parameter berücksichtigen.

Die Problematik der simulativen Beherrschung von dynamischem Fertigungsprozessverhalten wird derzeit in Forschungsarbeiten untersucht /20/. Die Schnittstellenproblematik ist zum Teil Bestandteil von Normungsbestrebungen /11,21/ und zum Teil im Themenbereich der vorliegenden Abhandlung.

Die textuelle Programmierung auf BASIC- oder PASCAL-ähnlichem Niveau ist neben den Einlernverfahren heute

Grundbestandteil fast jeder gängigen Robotersteuerung
/11/. In nationalen und internationalen Normungsbestrebungen /6,21,23/ wird derzeit eine einheitliche Syntax und Semantik für die textuellen Programmierverfahren festgelegt. Tabelle 2.3 gibt einen Überblick über fertigungstechnische Konzepte in der genormten Sprache IRL (Industrial Robot Language, DIN 66312) /6/.

- Bewegungsbefehle zur Steuerung von
  Kinematikbewegungen
- Bewegungsparametrierung zur Vorgabe von
  Bewegungscharakteristika, wie
    - Interpolationsart
    - Geschwindigkeit und Beschleunigung
    - technologische Vorgaben
- geometrische Datentypen
- Operationen auf geometische Objekte
- Sensor-/Aktor-Ansteuerung auf Maschinenebene

<u>Tabelle 2.3:</u>   Fertigungstechnische Konzepte und Funktionen in IRL, DIN 66312 /6/

Der genormte Zwischencode IRDATA (DIN 66314) /22/ kann hierbei als Zwischencode für die Übertragung von Robotersteuerungsprogrammen in Hochsprache, wie beispielsweise IRL zur Steuerung dienen. Bild 2.9 zeigt die Anbindung von RC-Programmierverfahren an die Steuerung.

Die Kombination von textueller und Einlern-Programmierung wird häufig als hybride Programmierung bezeichnet und faßt somit die beiden wichtigsten gängigen RC-Programmierverfahren zusammen.

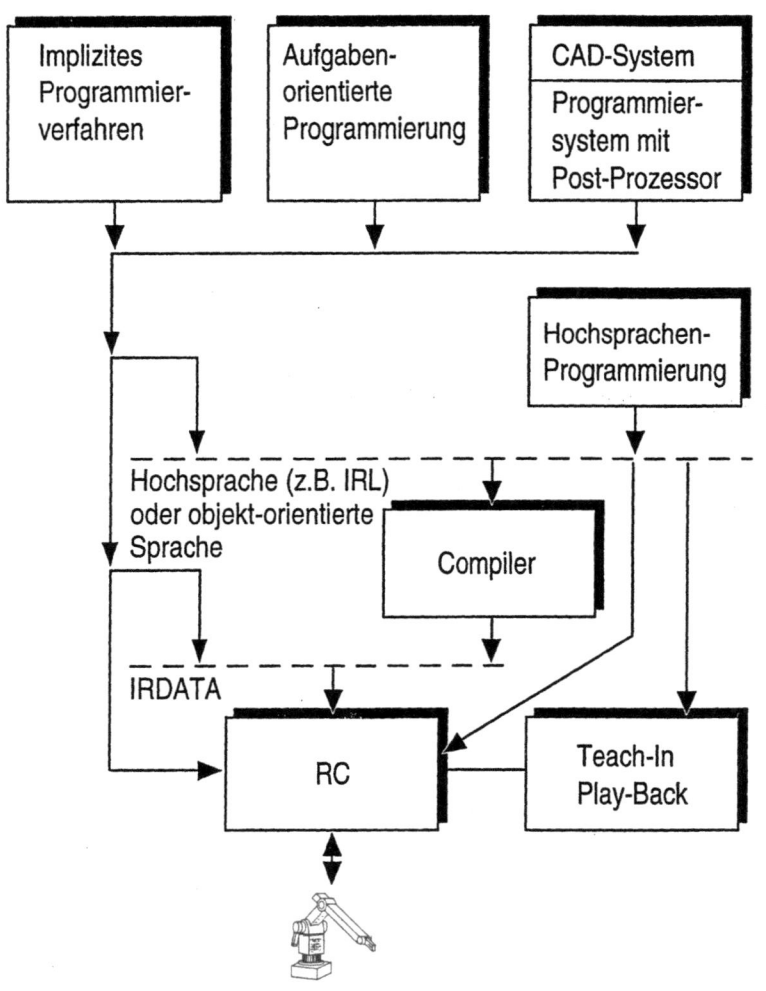

Bild 2.9: Schnittstellen von RC-Programmierverfahren

Spezielle Programmiermethoden bilden die aufgabenorientierten, die impliziten und die objekt-orientierten Programmierverfahren. Aufgabenorientierte Programmierverfahren stellen auf ein vorgegebenes Problemfeld zugeschnittene Programmiermethoden dar, die unter Einschränkung der Allgemeinverwendbarkeit für ihr jeweiliges Problemfeld ein optimales und im allgemeinen sehr anwenderfreundliches Lösungsverfahren anbieten.

Dabei können aufgabenorientierte Programmiersysteme als Ergebnis wieder explizite textuelle Programme generieren, was als sehr praxistaugliche Lösungsvariante gesehen werden kann /11/. Durch die starke Begrenzung der Allgemeinverwendbarkeit schränkt sich das Anwendungsspektrum von aufgabenorientierten Programmierverfahren entsprechend ein.

Mit impliziten Programmierverfahren /24/ wird in ähnlicher Weise versucht, auf einem sehr hohen Abstraktions-Niveau, allerdings unter möglicher Beibehaltung der Allgemeinverwendbarkeit, Lösungswege anzubieten. Problematisch erscheint hierbei die Anwendung dieser abstrakten Methoden auf konkrete fertigungstechnische Aufgabenstellungen mit oft sehr spezieller und variantenreicher Ausprägung von Detailaufgaben bei gleichzeitiger Beibehaltung eines anwenderfreundlichen Niveaus. Derzeit ist noch keine relevante Verbreitung entsprechender Verfahren in der industriellen Praxis zu erkennen.

Objekt-orientierte Programmierverfahren /25/ stellen ein relativ neues Konzept der Informatik dar, das sich allmählich auch in der fertigungstechnischen Programmiertechnik durchsetzt. Hierbei stehen Software-Objekte im Mittelpunkt, die als Verbindungen von Datensätzen mit bestimmten hierauf ausführbaren Instruktionen, sogenannten Methoden aufgefasst werden können. Die prinzipielle Eigenschaftsbeschreibung der Objekte erfolgt durch Klassifizierung. Objekte kommunizieren untereinander mittels

Nachrichten. Diese Art der Programmierung kann in einigen fertigungtechnischen Einsatzfällen sehr vorteilhaft angewandt werden oder auch mit vorhandenen Verfahren kombiniert werden.

2.4.2.2.2. NC-Programmierverfahren

Bei der Analyse von allgemeinen NC-Programmiermethoden lassen sich neben Verfahren, die denen unter RC-Programmierverfahren aufgeführten entsprechen, insbesondere eine zunehmende Verbreitung von CAD-gekoppelten Verfahren /13/ sowie von speziellen Verfahren zur effizienten Bearbeitung von komplexen Flächen /26/ feststellen.

Auch implizite Programmierverfahren wurden für spezielle Teilgebiete der numerisch gesteuerten Fertigungsverfahren entworfen. Die Programmiersprache EXAPT /27/ als erweiterte Untermenge von APT (Automatically Programmed Tools) ist hierbei als ein Verfahren zu nennen, das geometrische und technologische Beschreibungsmöglichkeiten effizient verbindet.

Bei Anwendungen von NC innerhalb von Roboterzellen sind jedoch in erster Linie textuelle Programmierverfahren wie die DIN 66025 /4/ oder auch sehr einfache Einlernverfahren (Teach-In) zu nennen.

Innerhalb von Normungsbestrebungen wurde in den letzten Jahren versucht, die assembler-ähnliche DIN 66025 mit PASCAL-ählichen Strukturierungsmitteln zu versehen. Das hierbei entstandene "Extended Format Data Structure" /28/ stellt eine Verbindung zu strukturierten Programmiermethoden her, entspricht jedoch sytaktisch keiner gängigen Programmiersprache. Bild 2.10 zeigt die Verknüpfung einzelner NC-Programmierverfahren.

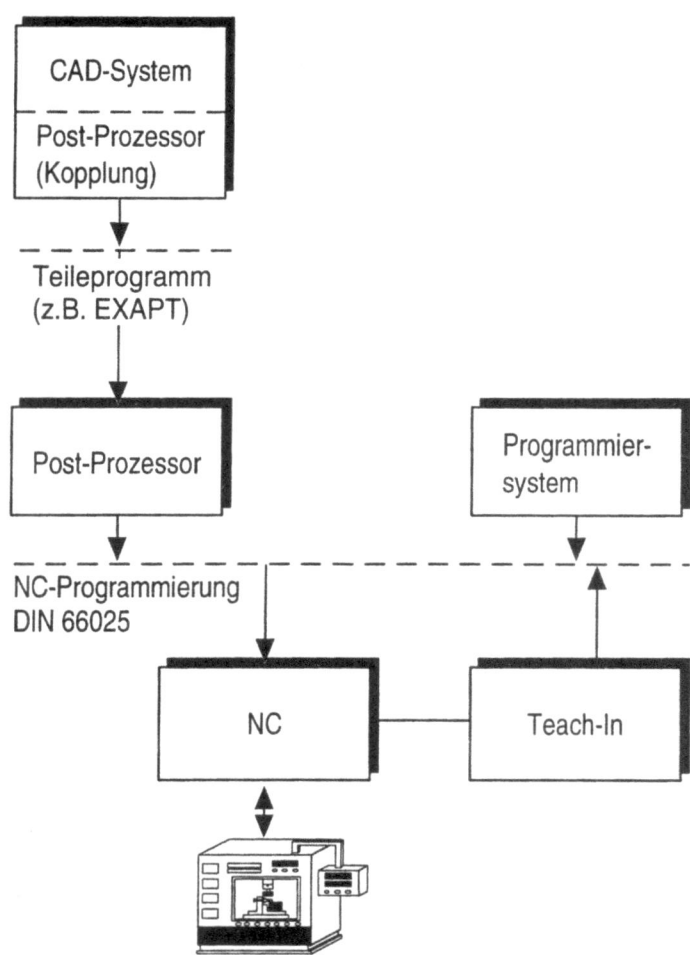

Bild 2.10: NC-Programmierverfahren

2.4.2.2.3. SPS-Programmierverfahren auf Maschinensteuerungsebene

Hier seien nur die SPS-Programmierverfahren auf Maschinensteuerungsebene aufgeführt. Es sind insbesondere die vielfältigen Möglichkeiten von SPS zur Erfassung von digitalen und analogen Sensorsignalen sowie zur Ansteuerung digitaler und analoger Geber von Interesse.

Programmiertechnisch lassen sich diese Sensor-/Aktor-Steuerungs-Eigenschaften von SPS in allen verbreiteten SPS-Programmierverfahren behandeln, da sie eine traditionelle Kernaufgabe des SPS-Aufgabenspektrums darstellen. Neuere, an objekt-orientierte Programmierkonzepte angelehnte Verfahren der IEC/DIS 1131-3 /7/ ermöglichen auf besonders anwenderfreundliche Weise die Mehrfachverwendung von einmal erstellten Funktionsbausteinen, beispielsweise zur Verarbeitung von Sensor-/Aktor-Informationen. Hierbei kann innerhalb eines Funktionsbausteinkonzepts zum Beispiel ein PID-Regelalgorithmus oder auch eine einfache logische Verknüpfung durch mehrfache Instanziierung eines entsprechenden Funktionsbaustein-Typs an verschiedenen Stellen des Gesamtprogramms verwendet werden (Bild 2.11).

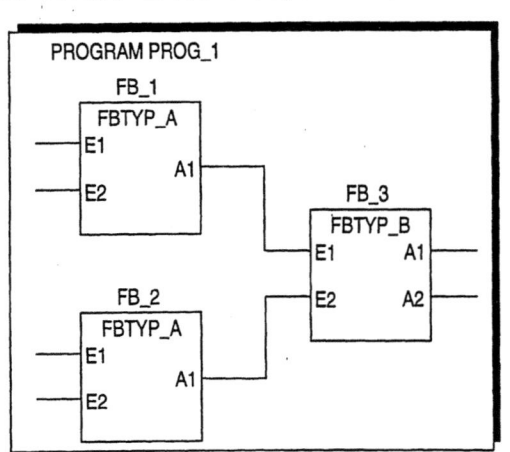

Bild 2.11: Mehrfachverwendung von SPS-Funktionsbausteinen durch Instanziierung

Der Funktionsbaustein-Typ beschreibt ein Modell eines Algorithmus, das durch Instanziierung an einer Stelle des Gesamtprogramms eingesetzt werden kann. Bei der Instanziierung wird ein neuer Satz von Daten geschaffen, auf den der Algorithmus des Funktionsbausteins bei jeder anschließenden Aktivierung arbeitet.

2.5. Bewertung

Die heute vorhandenen Programmierverfahren der Zellen- und Maschinensteuerungsebene umfassen ein reichhaltiges Spektrum an unterschiedlichen Programmier-Konzepten.

Diese reichen von einfachsten assembler-nahen Programmierverfahren über strukturierte Hochsprachen bis zu modernen Verfahren wie implizite oder objekt-orientierte Programmierung. Zudem kommen technologie-spezifische Verfahren wie beispielsweise Einlernverfahren (Teach-in) oder sensorgeführte Programmierung und CAD-orientierte Verfahren zum Einsatz.

Im Zuge von Normungsbestrebungen wird angestrebt, innerhalb der einzelnen Bereiche NC, RC und SPS standardisierte Verfahren einzuführen. Eine darüber hinausgehende Zusammenführung der Programmierverfahren dieser einzelnen Bereiche in einheitlichen Programmierverfahren wurde in Forschungsarbeiten /3/ untersucht und deren technische Machbarkeit nachgewiesen. Eine Normung einheitlicher Programmierverfahren ist jedoch bis zum heutigen Zeitpunkt aufgrund mangelnder Akzeptanz wegen zu geringer Harmonisierung mit bestehenden, verbreiteten Verfahren nicht erfolgt.

2.6. Zusammenfassung

Die Analyse der Verfahren zur Programmierung von Fertigungszellen zeigt, daß sich noch keine eindeutig dominierenden Verfahren durchgesetzt haben, sondern daß vielmehr eine Vielzahl unterschiedlicher Konzepte besteht.

Steuerungstypen	Assembler-ähnlich	textuelle Hochsprachen	Petri-Netze, Zustandsgraphen	graphische Programmierung	CAD-Anbindung	objekt-orientierte Programmierung	implizite Programmierung	Teach-In
SPS	●	◐	●	●	○	◐	○	○
NC	●	○	○	○	◐	○	◐	◐
RC	○	●	○	○	◐	○	◐	◐
Zellensteuerung	○	◐	●	◐	○	○	○	○

● häufig oder vorwiegend genutzt ◐ teilweise genutzt ○ wenig oder nicht genutzt

<u>Tabelle 2.4:</u> Übersicht über Programmierverfahren für Steuerungen in Fertigungszellen

Bei der Programmierung von SPS und RC deutet sich durch das Fortschreiten der nationalen und internationalen Normung /6,7,23/ für die Zukunft eine mögliche Vorrangstellung der genormten Verfahren innerhalb dieser Bereiche an. Eine Harmonisierung dieser Verfahren, die beim kombinierten Einsatz dieser Steuerungstypen innerhalb von Fertigungszellen angezeigt ist und insbesondere eine damit verbundene durchgängige Konzeption der Programmierkonzepte auf Zellen- und Maschinenebene ist derzeit nicht gegeben.

3. Anforderungen an ein durchgängiges Fertigungszellen-Programmierverfahren und Lösungsvarianten

3.1. Anforderungen

Der Entwurf eines in betriebliche Gesamtkonzepte der rechnerintegrierten Fertigung durchgängig eingebundenen Fertigungszellen-Programmierverfahrens erfordert zunächst die Zusammenstellung der an dieses Verfahren zu stellenden Anforderungen. Die hierbei zu erfüllenden Kriterien lassen sich in zwei Kategorien einteilen,

- konzeptionelle Anforderungen
- funktionale Anforderungen.

Die in dieser Arbeit zum Ziel gesetzte durchgängige Integration der Fertigungszellen-Programmierung auf Zellen- und Maschinenebene erfordert neben der Erfüllung von Anforderungen dieser beiden Ebenen die Erfüllung von Anforderungen, die aus der geschlossenen Behandlung beider Ebenen erwachsen (Bild 3.1).

Die konzeptionellen Anforderungen umfassen neben der Sprachkonzeption auch die Harmonisierung mit bestehenden Sprach- und Steuerungskonzepten der rechnerintegrierten Fertigung, wobei vorrangig die Kriterien Durchsetzbarkeit und Anwenderfreundlichkeit Beachtung finden müssen. Zudem sind Erfordernisse zu beachten, die sich aus Problemstellungen ergeben, die mit der Programmierung in unmittelbarem Zusammenhang stehen können, wie beispielsweise Datenhaltung und Datenaustausch, Kommunikation oder Programm-Test, -Simulation und -Inbetriebnahme.

Bild 3.1: Anforderungen an ein durchgängiges Fertigungszellen-Programmierverfahren

Die funktionalen Anforderungen leiten sich aus den Aufgabenstellungen der Zellenebene sowie den spezifischen Funktionalitäten von RC-, NC- und SPS-Programmierung auf Maschinenebene ab.

3.1.1. Konzeptionelle Anforderungen

Die konzeptionellen Eigenschaften eines Verfahrens zur Fertigungszellen-Programmierung sollten gängige und, soweit im fertigungstechnischen Umfeld sinnvoll, neuartige Konzepte und Methoden moderner Programmierverfahren umfassen. Hierbei ist zu berücksichtigen, daß die Programmierung von Fertigungszellen-Aufgabenstellungen nicht ausschließlich auf eine Programmiersprache aufgesetzt werden kann.

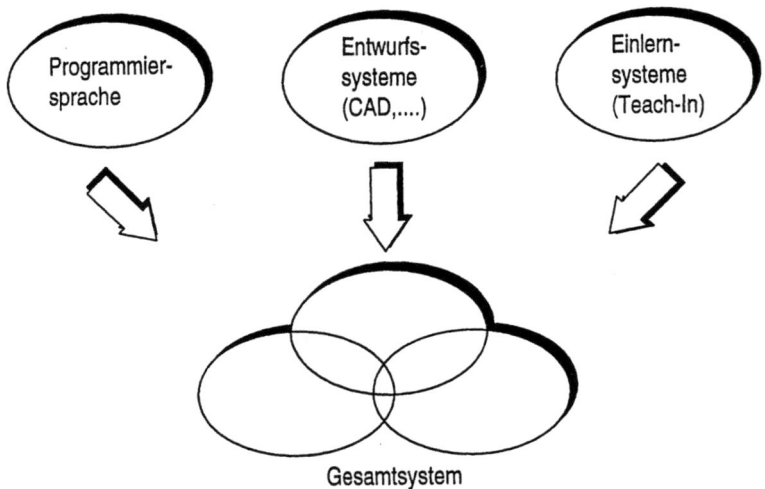

Bild 3.2: Konzeption eines hybriden Programmierverfahrens

Es erweist sich in der betrieblichen Praxis vielmehr als sinnvoll, ein im Sinne eines Hybrid-Systems kombiniertes Verfahren zu entwerfen, das neben den in einer Programmiersprache sinnvoll zu lösenden Problemen auch beispielsweise die Einbindung von geometrischen und technologischen Informationen aus übergeordneten Entwurfssystemen oder maschinennahen Einlernsystemen berücksichtigt.

Für die Programmiersprache selbst lassen sich neben generellen Anforderungen an fertigungstechnische Programmiersprachen /3,40/ auch spezielle, im Rahmen der hier zum Ziel gesetzten Integration erwachsende Anforderungen zusammenstellen.

- Anwenderfreundlichkeit
  (z.B. durch teilweise graphische Darstellung)
- selbstdokumentierend
- strukturierte Programmierung
- Hochsprache auf Anwender-Abstraktionsniveau
- modulare Programmierung
- Unterstützung der Mehrfachverwendung von Programmteilen
- Ermöglichung von Top/Down- und Bottom/Up-Programmentwicklung
- effizient bearbeitbar (Übersetzung, Interpretation)
- Behandlung zeitlich paralleler Aktivitäten (Multi-Tasking)
- Steuerungs- bzw. rechner-unabhängig
- Betriebssystem-unabhängig
- Einbindung von objekt-orientierten Konzepten
- flexible Datenstrukturen
- Normenkompatibel
- Rückmeldefähigkeit

<u>Tabelle 3.1:</u> Allgemeine konzeptionelle Anforderungen

Die meisten allgemeinen Anforderungen an die Sprachkonzeption wie strukturierte Programmierung, Programmierung auf Hochsprachen-Niveau oder Bereitstellung flexibler Datenstrukturen (anwenderdefinierbare Records, Arrays, ...) lassen sich durch eine Anlehnung des Sprachkonzepts an gängige Hochsprachen wie PASCAL, MODULA-2 oder "C" erfüllen.

Die Behandlung zeitlich paralleler Aktivitäten bedarf einer durchgängigen Betrachtung von Zellen- und Maschinenebene unter zusätzlicher Einbeziehung der übergeordneten Leitebene. Prinzipiell kann die Aufspaltung einer Gesamtaufgabe in zeitlich parallel durchzuführende Einzelaufgaben in jeder dieser Ebenen vorgenommen werden, wobei auch eine Mehrfachzergliederung, die sich über alle Ebenen ausdehnen kann, möglich ist. Hierbei ist zu untergeordneten Ebenen hin eine Zunahme der Anforderungen an die Reaktionszeit der ausführenden Systeme gegeben.

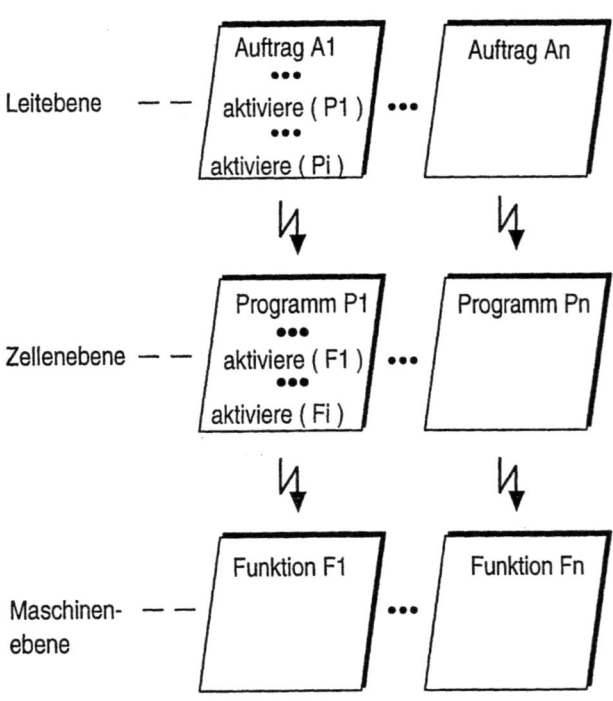

Bild 3.3: Durchgängige Behandlung zeitlich paralleler Aktivitäten

Während in der Leitebene teilweise noch größere zeitliche Bearbeitungs-Spielräume einzelner ausführender Subsysteme hinnehmbar sind, ist in der Maschinenebene meist ein streng deterministisches Verhalten der Subsysteme erforderlich. Die Zellenebene kann hierbei als Übergangsfall dieser beiden möglichen Ausprägungen betrachtet werden.

Dementsprechend sind in der Leitebene eher einplanend steuernde Systeme einzusetzen, wohingegen auf Zellenebene und insbesondere auf Maschinenebene vorrangig streng deterministische Steuerungsmethoden zum Einsatz kommen.

Zur Festlegung der Ablauf- und Koordinierungsvorschrift dieser deterministischen Steuerungsmethoden eignen sich am ehesten Petrienetz-orientierte /21/ und verwandte Verfahren. Die Einbeziehung der Auslegung dieser Steuerungsmethoden auf Zellen- und Maschinenebene in ein durchgängiges Sprachkonzept ist daher erforderlich.

Die Integration von Verfahren zur Behandlung zeitlich paralleler Aktivitäten in das Sprachkonzept bringt eine stärkere Trennung von Daten und darauf arbeitenden Prozessen mit sich. Ein Prozeß sei in diesem Zusammenhang ein aktiviertes Programm oder Programmteilstück. Dies legt die Anwendung von Grundkonzepten der objekt-orientierten Programmierung /25/ nahe.

Hierbei können innerhalb einer Fertigungszelle zu verwendende Geometrie- oder Technologie-Daten als unabhängige Einheiten behandelt und Programmen zugeordnet werden. Ein Programm kann zunächst als reine Algorithmusbeschreibung mit zusätzlicher Festlegung externer Datenstrukturen, mit denen das Programm prinzipiell arbeiten kann, gesehen werden. Dies kommt der Beschreibung eine 'Klasse' in objekt-orientierten Programmierverfahren nahe, bei denen

'Methoden' die auf Datenstrukturen ausführbaren Anweisungen bzw. Algorithmen beschreiben.

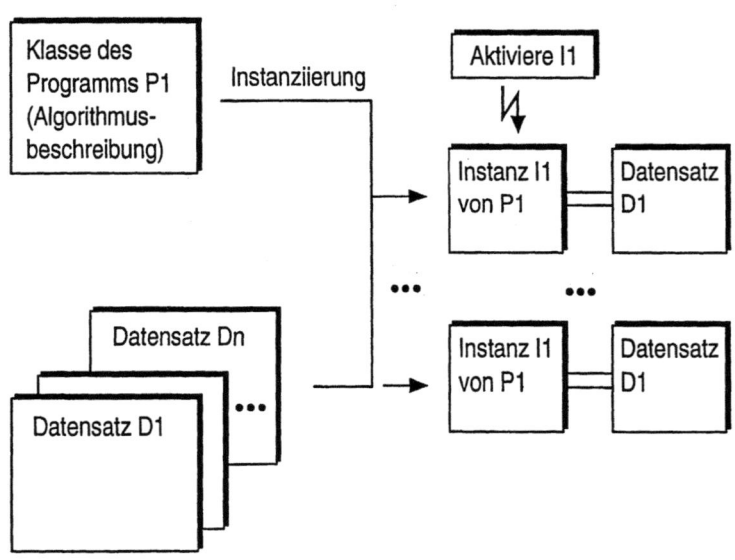

Bild 3.4: Mehrfach-Instanziierung eines Programms und Zuordnung von Datensätzen

Durch die Zuordnung eines konkreten externen Datensatzes, der beispielsweise durch Einlern-Verfahren (Teach-In) ermittelt wurde, wird das Programm als konkretes 'Objekt' instanziiert. Die eigentliche Ausführung des Programms wird durch die Aktivierung des Programms veranlaßt, wobei die Aktivierung gleichzeitig mit oder auch unabhängig von der Programm-Instanziierung erfolgen kann. So sind auch mehrfache gleichzeitige Instanziierungen eines Programms durch Zuordnung mehrerer Datensätze in getrennten Instanzen möglich.

- Harmonisierung mit vorhandenen Sprachen
- Durchsetzbarkeit
- nicht anwendungsspezifisch
- On-line- und Off-line-Programmierung durchgängig möglich
- Hybridkonzept mit Einbindung von Technologie-Informationen, Einlernverfahren (Teach-In), sensorgestützten Verfahren und CAD
- Einbindung von Kommunikations-Standards
- Geometriedatenverarbeitung auf hohem Abstraktions-Niveau (z.B. "Frame"-Konzept)
- robotertyp-unabhängig
- flexibles Konzept zur Kommunikation mit technischem Prozeß

Tabelle 3.2: Fertigungstechnisch konzeptionelle Anforderungen

Hierbei kann ein Programm beispielsweise in drei getrennten Phasen arbeiten, wie etwa 'Teil einlagern', 'Teil bearbeiten' und 'Teil auslagern'. Verfügt die Fertigungszelle über mehrere Bearbeitungs-Stationen, so kann dieses Programm für alle Stationen durch Mehrfach-Instanziierung verwendet werden. Die Aktivierung der Instanzen und die Synchronisierung der einzelnen Phasen der Programm-Instanzen erfolgt durch übergeordnete Mechanismen.

Die in Tabelle 3.2 aufgeführten fertigungstechnischen konzeptionellen Anforderungen sind größtenteils in modernen Roboterprogrammiersprachen auf Maschinenebene erfüllt.

Problematisch gestaltet sich jedoch die Erfüllung der Anforderungen Harmonisierung mit vorhandenen Sprachen und Durchsetzbarkeit, wenn für sämtliche in einer Roboterzelle vorkommenden Steuerungstypen eine einheitliche, durchgängige Sprachkonzeption entwickelt werden soll /3/.

- Durchgängige Behandlung von Aufgaben der Zellen- und Maschinenebene
- Durchgängiges Datenhaltungs- und -austauschkonzept
- Berücksichtigung unterschiedlicher Anwenderniveaus
- Übergreifende Behandlung von Ausnahmezuständen

Tabelle 3.3: konzeptionelle Anforderungen die aus der Durchgängigkeit der Programmierung erwachsen

Besondere Anforderungen erwachsen aus der Durchgängigkeit der Programmierung auf Zellen- und Maschinenebene, da vorhandene Sprachkonzepte beide Ebenen weitgehend isoliert betrachten (Tabelle 3.3). Die geschlossene programmiertechnische Behandlung beider Ebenen erfordert beispielsweise die durchgängige Behandlung von Programm-Aktivierungs- und -Koordinierungs-Methoden einschließlich der Behandlung von Ausnahmezuständen oder auch die Festlegung eines durchgängigen Konzepts zur Datenhaltung und zum Datenaustausch.

Ein durchgängiges Programmierkonzept muß hierbei unterschiedliche Anwender-Niveaus beispielsweise in Bezug auf Problemstellungs-Schwerpunkt oder Qualifikatiion berücksichtigen. So ist etwa der Schwerpunkt der Programmiertätigkeit in der Arbeitsvorbereitung eher auf die Festlegung der prinzipiellen Fertigungsabläufe ausgerichtet,

wohingegen auf Werkstattebene vorrangig technologische
Probleme im Mittelpunkt stehen.

3.1.2. Funktionale Anforderungen

Die funktionalen Erfordernisse der anwenderorientierten
Fertigungszellen-Programmierung leiten sich aus den Aufgabenstellungen der Zellenebene, soweit sie durch Anwenderprogrammierung zu lösen sind und aus den Aufgabenstellungen der Maschinenebene ab.

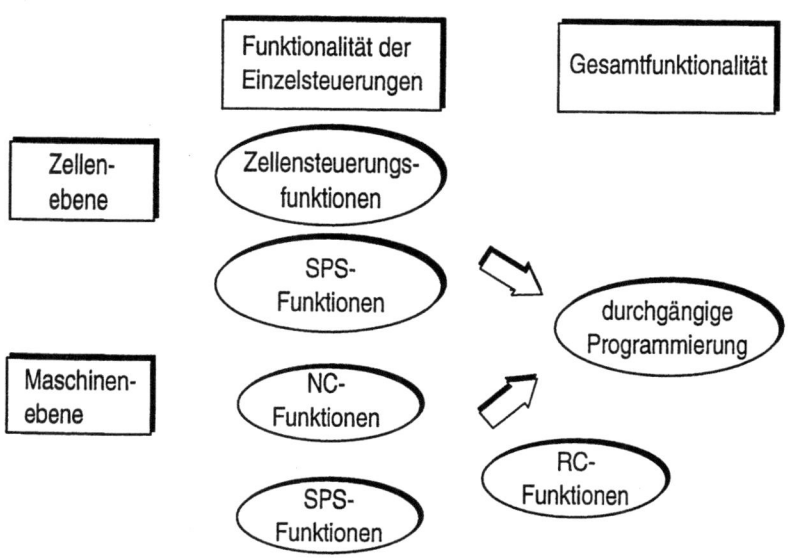

Bild 3.5: Herleitung der Funktionalität eines durchgängigen Programmierverfahrens

Da die Aufgaben auf Zellen- und Maschinenebene durch Zellenrechner, SPS, RC und NC abgearbeitet werden, lassen
sich die funktionalen Anforderungen an ein durchgängiges

Programmierverfahren für diese Ebene aus der Zusammenfassung der Funktionalitäten der einzelnen eingesetzten Steuerungen ableiten (Bild 3.5).

Ein Teil der auf Zellen- und Maschinenebene anfallenden Aufgabenstellungen kann gegebenenfalls durch fest vom Steuerungshersteller vorgegebene Verwaltungs- und Steuerungsverfahren abgewickelt werden. Hierzu kann beispielsweise die zellenübergreifende Auftragsverwaltung und -abwicklung oder die lokale Bedienerführung, etwa für Inbetriebnahme und Einrichtvorgänge gezählt werden.

Einige Aufgabenstellungen sind jedoch durch Anwenderprogrammierung zu lösen, wofür das zu entwerfende Programmierverfahren entsprechende Funktionen anbieten muß. Die aus der Zellen- und Maschinenebene hierfür an das Programmierverfahren zu stellenden funktionalen Anforderungn sind im folgenden dargestellt.

- zelleninterne Auftragsverwaltung
- Aktivierung von Programmen
- zelleninterne (zeitliche) Koordinierung von Programmen
- Datenhaltung
- Kommunikation

Tabelle 3.4: Funktionale Anforderungen der Zellenebene an ein durchgängiges Fertigungszellen-Programmierverfahren

Die in Tabelle 3.4 aufgeführten funktionalen Anforderungen der Zellenebene legen für die Bereiche Aktivierung und Koordinierung von Programmen, Datenhaltung und Kommunikation die Anlehnung an vorhandene Verfahren sowie Standards, soweit vorhanden, nahe.

Die Abwicklung der Auftragsverwaltung unterliegt nur in Einzelfällen der freien Anwenderprogrammierung. Ein Aufsetzen auf standardisierte Verfahren sollte angestrebt werden, jedoch ist auf Zellenebene gegenwärtig kein dominierendes oder standardisiertes Verfahren gegeben.

- geometrieorientierte Funktionen
    - Steuerung von Kinematikbewegungen
    - Operationen auf geometrische Datenobjekte
- technologische Funktionen
- werkzeug-orientierte Funktionen
- maschinennahe Kommunikation
    - Sensorauswertung
    - Aktoransteuerung
- programmiertechnische Funktionen
    - Programmablauf
    - maschineninterne (zeitliche) Koordinierung von Programmen
    - logische und arithmetische Operationen
    - Datenmanipulation

Tabelle 3.5: Funktionale Anforderungen der Maschinenebene an ein durchgängiges Fertigungszellen-Programmierverfahren

Tabelle 3.5 zeigt eine Aufstellung der prinzipiellen funktionalen Anforderungen an die Programmierung auf Maschinenebene.

3.2. Lösungsvarianten

Ziel dieser Arbeit ist der Entwurf eines Programmierverfahrens, das die konzeptionellen und funktionalen Erfordernisse der Fertigungszellen-Programmierung auf Zellen- und Maschinenebene in einem durchgängigen Konzept abdeckt. Dabei soll sich dieses Verfahren in moderne Konzepte zur Strukturierung von Fertigungsbetrieben integrieren.

Im folgenden sind prinzipielle Lösungsmöglichkeiten zum Erreichen dieser Zielsetzung dargestellt.

Analysephase

- funktionale Anforderungen
- konzeptionelle Anforderungen

Synthesephase

- Gestaltung des Sprachkonzepts
- Implementierung der Sprachfunktionen
- Erprobung, Verifizierung

<u>Bild 3.6:</u>   Vorgehensweise beim Entwurf eines neuen Programmierverfahrens

3.2.1. Entwurf eines neuen Programmierverfahrens

Der Entwurf eines neuen Programmierverfahrens erlaubt dessen exakte Anpassung an den Anforderungskatalog in funktionaler und sprachkonzeptioneller Sicht.

Problematisch erscheint hierbei jedoch, daß Anforderungen wie die Harmonisierung mit vorhandenen Sprachen und die damit eng verbundene Durchsetzbarkeit beim Anwender kaum erfüllt werden können.

3.2.2. Ausschließliche Verwendung eines vorhandenen Programmierverfahrens

Dieses Konzept wurde beispielsweise in /34,35/ für den Entwurf einer Roboterprogrammiersprache gewählt. Hierbei wird eine vorhandene Programmiersprache wie beispielsweise PASCAL um die zusätzlich gewünschte Funktionalität erweitert, indem dem Programmierverfahren beispielsweise fertigungstechnisch orientierte Datentypen, etwa zur Beschreibung von geometrischen Objekten oder problemspezifisch vorgefertigte Unterprogramme, etwa zur Steuerung von Roboterbewegungen zur Verfügung gestellt werden.

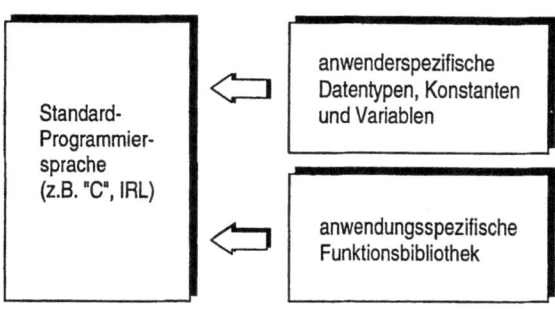

Bild 3.7: Funktionale Erweiterung einer vorhandenen Programmiersprache

Die Vorteile dieses Konzepts liegen darin, daß bei der Verwendung einer Sprache wie PASCAL die meisten der Forderungen aus dem Anforderungskatalog erfüllt sind. Zudem sind bereits eine große Zahl von Programmiersystemen für unterschiedliche Rechner implementiert, die Sprache ist verbreitet und in der Praxis erprobt.

Nachteilig ist, daß durch den Verzicht auf eine Erweiterung oder auch teilweise Einschränkung des Sprachumfangs sich manche der geforderten Funktionen und Konzepte nur mühsam und ineffizient auf die vorhandenen Konzepte der Sprache abbilden lassen, wie etwa die an objekt-orientierte Programmiermethoden angelehnte Instanziierung von Programmen oder Funktionsbausteinen.

Zudem kann die Forderung nach einer Harmonisierung der Programmierung auf Zellen- und Maschinenebene mit den verschiedenen entstandenen Normen bei ausschließlicher Verwendung eines einzigen vorhandenen Programmierverfahrens nicht erfüllt werden.

3.2.3. Erweiterung eines vorhandenen Programmierverfahrens

Die Problematik der konzeptionellen Eingeschränktheit bei ausschließlicher Verwendung eines vorhandenen Programmierverfahrens wird bei dieser Vorgehensweise auf Kosten der Harmonisierung mit dem gewählten, vorhandenen Referenzprogrammierverfahren überwunden. Der Nachteil der mangelnden Harmonisierung kann bei durchgängiger und konzeptionell schlüssiger Vorgehensweise bei der konzeptionellen Erweiterung gegebenenfalls in Kauf genommen werden.

Problematisch bleibt hierbei jedoch die Frage, auf welchem Sprachkonzept aufgebaut werden soll, da die Analyse der auf Zellen- und Maschinenebene in Frage kommenden Referenz-Programmierverfahren eine große Anzahl unterschiedlicher Programmiermethoden zur Auswahl stellt, von denen jedes spezifische Vorteile bietet. Insbesondere ist fraglich, ob das Aufsetzen auf einem einzigen Verfahren sämtliche konzeptionellen und funktionalen Anforderungen optimal befriedigen kann.

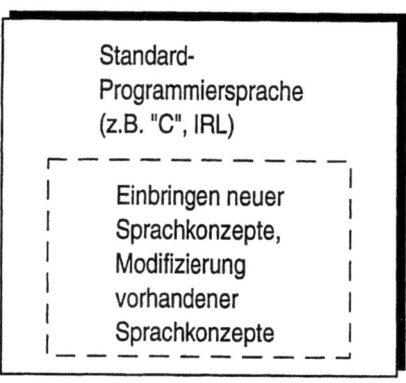

Bild 3.8: Konzeptionelle Erweiterung einer vorhandenen Programmiersprache

3.2.4. Kombination und Erweiterung vorhandener Programmierverfahren

Bei der Kombination vorhandener Programmierverfahren kann bei sinnvoller Auswahl der beteiligten Referenz-Verfahren ein durchgängiges Verfahren entworfen werden, das vorhandene, eingeführte Konzepte berücksichtigt und diese praxisgerecht kombiniert. Eventuell hierbei ungenügend befriedigte Anforderungen des Anforderungskatalogs können durch ergänzende konzeptionelle Erweiterungen erfüllt werden.

Bei dieser Vorgehensweise stellt sich das Problem der konzeptionellen Durchgängigkeit bei der Kombination mehrerer Verfahren. Vorrangig sind folgende Aspekte zu beachten

* Konzeptionelle Geschlossenheit und Durchgängigkeit

* Vermeidung von Redundanzen

* Vollständigkeit bezüglich der funktionalen und konzeptionellen Anforderungen

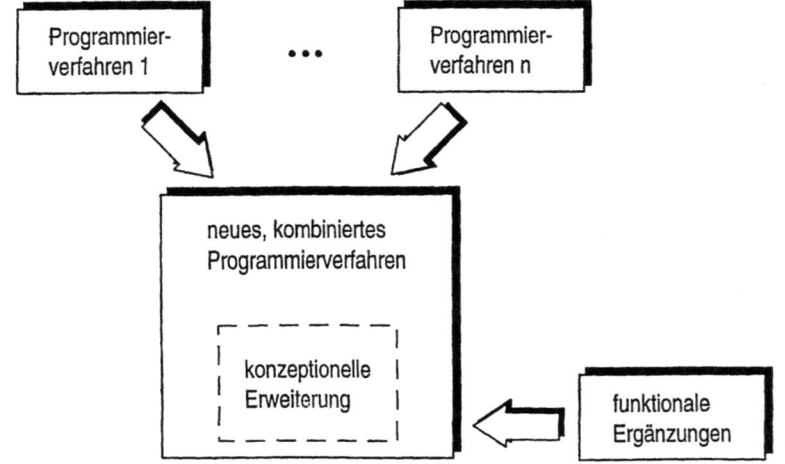

Bild 3.9: Kombination und Erweiterung vorhandener Programmierverfahren

3.2.5. Bewertung

Jede der genannten Lösungsvarianten beim Entwurf eines durchgängigen Fertigungszellen-Programmierverfahrens bietet spezifische Vorteile und wirft die erwähnten speziellen Problemstellungen auf.

Verfahren \ Kriterien	Verbreitung	Funktionsumfang	hohe Akzeptanz	geringer Realisierungsaufwand	geringer Einführungsaufwand	Durchgängigkeit	Norm-Harmonisierung
neues Programmierverfahren	○	●	○	○	○	●	○
Standard-Programmierverfahren	●	●	●	●	●	○	◐
erweiteres Standard-Programmierverfahren	◐	●	◐	◐	◐	◐	◐
Kombination und Erweiterung von Standard-Programmierverfahren	◐	●	◐	◐	◐	●	●

● Kriterium erfüllt   ◐ Kriterium teilweise erfüllt   ○ Kriterium nicht erfüllt

Tabelle 3.6: Bewertung der Lösungsvarianten zur Konzeption eines durchgängigen Programmierverfahrens

Vor dem Hintergrund des fertigungstechnischen Umfeldes, indem das zu entwerfende Verfahren als harmonisch integriertes Werkzeug eingesetzt werden soll, sind neben den rein technischen Problemstellungen insbesondere auch die Kriterien der Harmonisierung mit vorhandenen Normen und der Akzeptanz beim Anwender zu beachten.

Da die Normung von spezifischen fertigungstechnischen Programmierverfahren in jüngster Zeit entscheidende Fortschritte gemacht hat /6,7/, erscheint es angezeigt, die hierbei entworfenen Verfahren zu berücksichtigen und in ein durchgängiges Gesamtkonzept mit einzubeziehen.

4. Entwurf eines durchgängigen Fertigungszellen-Programmierverfahrens

4.1. Gesamtkonzept

Die dargestellten konzeptionellen und funktionalen Anforderungen beim Entwurf eines durchgängigen Fertigungszellen-Programmierverfahrens können durch die Konzeption eines Hybridverfahrens, das die in Tabelle 4.1 aufgezeigten Aspekte berücksichtigt, erfüllt werden.

- Einbeziehung von Normen für fertigungstechnische Programmierverfahren /6,7/
- Abstimmung mit genormten Verfahren zur Kommunikation in der Fertigungstechnik /30,31,32,33/
- Durchgängige Datenhandhabung und Harmonisierung mit CAD-orientierten Normen zur Geometrie- und Technologie-Daten-Handhabung /36,37/
- Kombination mit werkstatt-gerechten geometrie- und technologie-orientierten Einlernverfahren

---

Tabelle 4.1: konzeptionelle Aspekte eines durchgängigen Roboterzellen-Programmierverfahrens

Hierbei können die Anforderungen an die programmiersprachliche Konzeption durch Einbeziehung von derzeit entstehenden Normen berücksichtigt werden. Die wachsenden Anforderungen an die Kommunikation innerhalb einer rechner-integrierten Fertigungslandschaft werden durch entstehende, fertigungstechnisch orientierte Normen zur Kommunikation befriedigt. Der Austausch von programmbegleitenden Geometrie- und Technologie-Daten kann in einem Gesamtkonzept durch Anlehnung an bestehende und entstehende

Normen zur CAD-orientierten Datenverwaltung /36,37,43/
erfolgen. Die Beherrschung der technologischen und geometrie-orientierten fertigungsnahen Problemstellungen wird
curch ergänzende Einbeziehung von Einlernverfahren unter-
stützt.

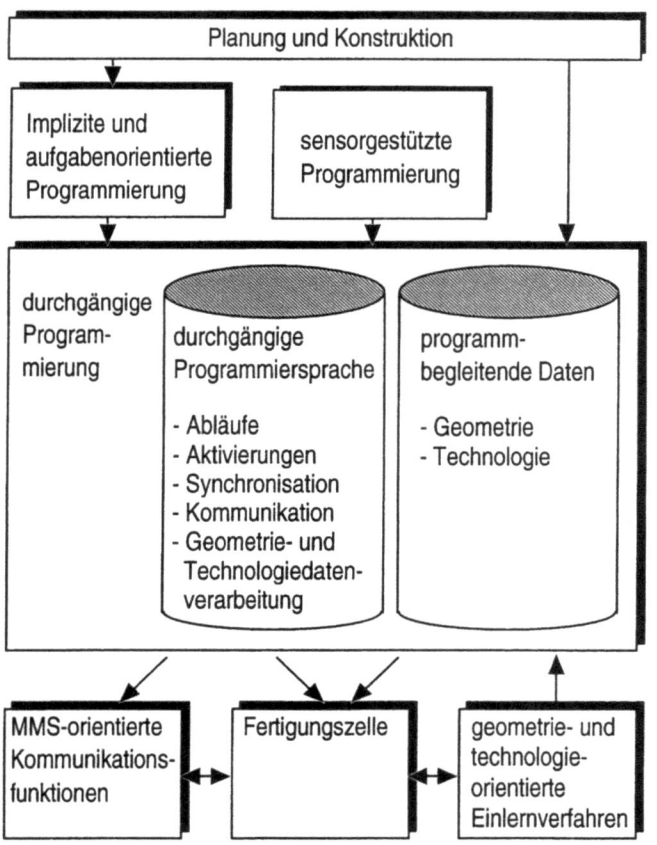

Bild 4.1: Zusammenwirken der Verfahren zur durchgängigen
Fertigungszellen-Programmierung

Unter Berücksichtigung der genannten Aspekte läßt sich ein Referenzmodell für das Zusammenwirken aller, die Fertigungs-Programmierung betreffenden Bereiche ableiten (Bild 4.1).

Das in diesem Gesamtkonzept dargestellte durchgängige Programmierverfahren soll im Zentrum des folgenden Entwurfs stehen. Der im folgenden dargestellte Sprachentwurf berücksichtigt die Normen IEC/DIS 1131-3 zur SPS-Programmierung und DIN 66312 (IRL) zur Roboterprogrammierung und ergänzt oder modifiziert Konzepte und Funktionen, die dort noch fehlen oder für die Kombination beider Sprachen abgeändert werden müssen.

Die ergänzten Konzepte sind

- Methoden zur automatisierten Behandlung von Fehler- und Ausnahmesituationen

- Abbildung des durchgängigen Programmierverfahrens auf eine universelle Code- und Begleitdaten-Schnittstelle zur Zellensteuerung

Die modifizierten Konzepte sind

- durchgängiges Konzept zur hierarchischen und modularen Strukturierung von Programmen

- einheitliche sytaktische und semantische Beschreibung von Datenstrukturen

- durchgängige syntaktische und konzeptionelle Behandlung der Schnittstellen zum technischen Prozeß

- durchgängige Anwendung des objekt-orientierten Funktionsbaustein-Konzepts auf Zellen- und Maschinensteuerungsebene
- durchgängiges Konzept zur Ablaufsteuerung und Synchronisierung von Programmbausteinen
- einheitliches Konzept zur Kommunikation
- durchgängiges Konzept zur Geometrie- und Technologiedaten-Verarbeitung

4.2. Durchgängiges Fertigungszellen-Programmierverfahren

Ausgehend von dem Referenzmodell zur durchgängigen Fertigungszellen-Programmierung (Bild 4.1) sei im folgenden ein Programmierverfahren entworfen, das eine durchgängige Programmierung auf Zellen- und Maschinenebene unter Berücksichtigung entstehender Sprachnormen ermöglicht.

Unter Berücksichtigung der konzeptionellen Sprachanforderungen wird das Programmierverfahren als Hybrid-Verfahren konzipiert, das neben textueller Programmierung auch grafische Programmier-Oberflächen ermöglicht und maschinennahe Einlernverfahren (Teach-In) vorsieht. Zudem ist eine einfache Anbindung an übergeordnete Einheiten wie etwa CAD-Systeme mit Programmiersystemen oder aufgaben-orientierte Programmierverfahren möglich.

Das Sprachniveau der textuellen Programmierung entspricht dem einer allgemeinen Hochsprache wie PASCAL oder "C" und ist syntaktisch und lexikalisch soweit als möglich an die Sprachnormen IRL und IEC/DIS 1131-3 angelehnt. Bei Widersprüchen wurde die Syntax von IRL priorisiert, bei der

Einführung neuer Sprachkonzepte wurden natürlichsprachliche Formulierungen gewählt.

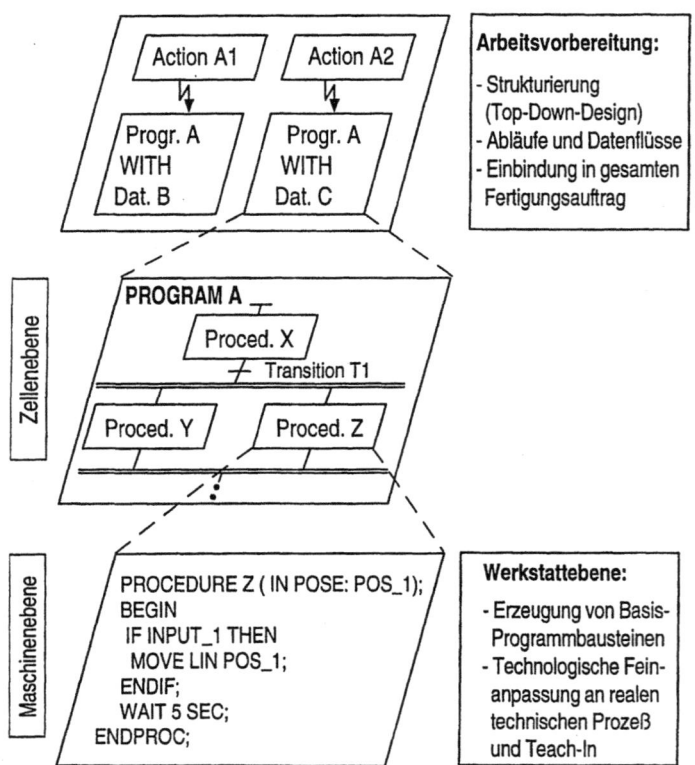

Bild 4.2: Referenzmodell des durchgängigen Fertigungszellen-Programmierverfahrens

Bild 4.2 zeit das Referenzmodell des durchgängigen Fertigungszellen-Programmierverfahrens, wobei die hierarchische Zergliederung eines Gesamtprogramms in Programme und Unterprogramme (PROCEDURE) und die Aktivierung des Programms angedeutet sind. Der programminterne Ablauf wird durch Parallel- und Alternativ-Verzweigungen und Übergangsbedingungen (Transitionen) charakterisiert.

Eine mögliche Zuordnung der Ablauf- und Koordinierungs-Festlegung zur Programmierung in der Arbeitsvorbereitung und der technologischen Anpassung an den Fertigungsprozeß zur Werkstattebene ist ebenfalls in Bild 4.2 dargestellt.

4.3. Software-Modell

Grundlage für das durchgängige Programmierverfahren ist ein Software-Modell, das alle Programmeinheiten des gesamten Programmierkonzepts durchgängig beschreibt. Bild 4.3 zeigt das Software-Modell, welches zur Beschreibung von programmiertechnischen Einheiten auf Zellenebene genutzt werden kann.

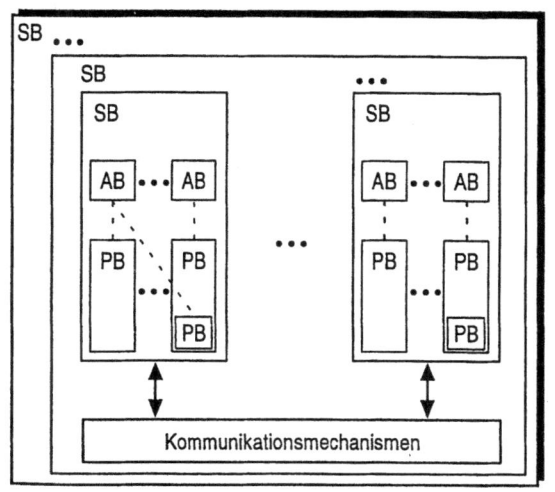

Bild 4.3: Software-Modell des durchgängigen Programmierverfahrens

4.3.1. Hierarchisierung

In dem Software-Modell nach Bild 4.3 wird die Einbindung von programmierbaren Einheiten wie Programmbausteinen (PB) oder Aktivierungs-Bausteinen (AB) zur Ablaufsteuerung in Strukturierungsbausteine (SB) dargestellt, welche zur hierarchischen Strukturierung und zur Verbesserung der Handhabung dienen.

Auf Maschinenebene erfolgt die weitere hierarchische Zergliederung des Software-Modells durch ein Konzept zur statischen Verschachtelung von Programm- und Unterprogramm-Blöcken (Bild 4.4).

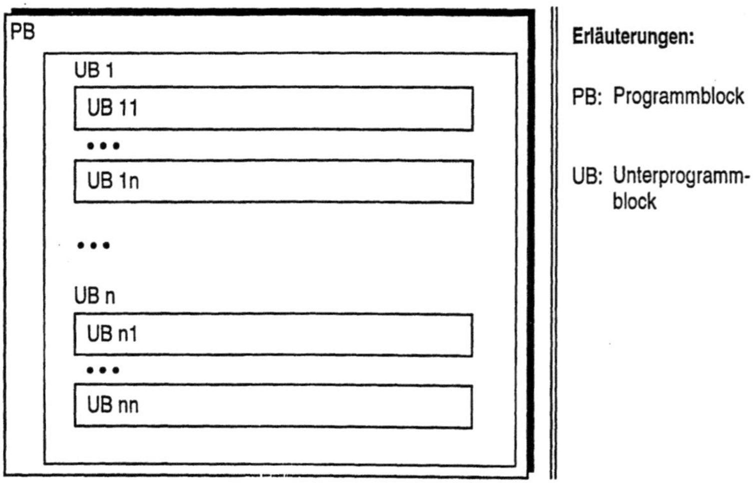

```
PB
  UB 1
    UB 11
    ...
    UB 1n

  ...

  UB n
    UB n1
    ...
    UB nn
```

Erläuterungen:

PB: Programmblock

UB: Unterprogrammblock

<u>Bild 4.4:</u> Blockstrukturierung des Programmierverfahrens

Ein Block ist ein Strukturierungselement welches einem Programm oder einem Unterprogramm zugeordnet ist. Die statische Blockverschachtelung legt den Gültigkeitsbereich von blocklokalen Einheiten (Entities) wie bei-

spielsweise Konstanten, Variablen oder wiederum Blöcke
innerhalb lokaler Unterprogramme fest.

Blocklokale Einheiten sind hierbei nur innerhalb des
Blocks und in blocklokalen Blöcken bekannt und werden
mittels eines Namens (Variablenname, Unterprogrammname,
...) identifiziert. Bei gleichnamigen Einheiten in mehreren statisch verschachtelten Blöcken ist die Einheit des
jeweils nächstliegenden Blocks sichtbar. Gleichnamige
Einheiten innerhalb eines Blocks sind nicht erlaubt.

Die Aktivierung eines Blocks erfolgt durch Aufruf des zugehörigen Programms bzw. Unterprogramms. Die dynamische
Blockverschachtelung beschreibt die Aktivierungs-
Reihenfolge von Blöcken, wobei ein Block bei rekursiver
Programmierung auch mehrmals innerhalb einer Reihenfolge
erscheinen kann.

4.3.2. Modularisierung

Neben der beschriebenen vertikal hierarchischen Gliederung von Anwender-Gesamtprogrammen auf Zellen- und Maschinenebene erfordern strukturierte Programmierkonzepte
die Möglichkeit zur horizontalen Zerlegung von Programmen
in einzelne Teilpakete.

Dies kann einerseits durch die in der vertikalen Zergliederungshierarchie implizit enthaltene Möglichkeit zur Beschreibung beliebig vieler, in sich abgeschlossener
Teil-Programmeinheiten auf jeder hierarchischen Ebene geschehen. Dies liefert ein geschlossenes Konzept zur Eingliederung von Teil-Programmeinheiten in ein gesamtes
Programmpaket.

Andrerseits besteht häufig ein Bedarf für eine zweckmäßige Bearbeitungsmöglichkeit von Teil-Programmeinheiten

während der Programmentwicklungsphase, die losgelöst ist
von deren Einbindung in ein gesamtes Programmpaket, sowie
zur Verwaltung von bereits erstellten Teil-Programmeinheiten in, meist aufgabenspezifischen Bibliotheken.

Das entwickelte durchgängige Programmierverfahren sieht
hierfür zwei Verfahren vor:

- Gliederung in Programmbausteine

- Gliederung in Dateien (Module)

Während die Zergliederung in Programmbausteine eine kon-
zeptionelle Methode darstellt, ist die Zergliederung in
Module eine programmiertechnische Methode, welche zur
Verbesserung der Handhabbarkeit dient.

4.3.2.1. Programmbausteine

Programmbausteine stellen eine Strukturierungseinheit eines Programms dar, welche einen Algorithmus besitzen und
denen ein permanent existierender Datensatz zugeordnet
ist. Die Festlegung des Algorithmus und der Struktur des
Datensatzes erfolgt bei der Programmierung des Programm-
baustein-Typs. Die Zuordnung eines konkreten Datensatzes
erfolgt bei der Instanziierung, welche Mehrfach für einen
Programmbaustein-Typ durchgeführt werden kann. Die Aktivierung des Algorithmus erfolgt während des Programmlaufs
durch Aktivierungsmechanismen.

Tabelle 4.2 stellt die Begriffe des hier dargestellten
Programmbaustein-Konzepts gleichbedeutenden Begriffen der
objekt-orientierten Programmierung gegenüber.

Programmbaustein-Konzept	objektorientierte Programmierung
Programmbaustein-Typ	Klasse
Algorithmus	Methode
Instanziierung	Instanziierung
Programmbaustein	Objekt (Instanz einer Klasse)

Tabelle 4.2: Gegenüberstellung von Begriffen des Programmbaustein-Konzepts und Begriffen der objekt-orientierten Programmierung

Bild 4.5 zeit ein Programm-Beispiel für eine Programmbaustein-Typbeschreibung. Das Schlüsselwort für einen Programmbaustein heißt 'FUNCTION_BLOCK' in Anlehnung an die Norm IEC 1131.3.

```
FUNCTION_BLOCK beispiel
( IN BOOL: ein_1, ein_2;
  OUT BOOL: aus_1 );

•••     (Algorithmus)

END_FUNCTION_BLOCK;
```

Erläuterungen:

IN: Eingangsvariablen-Deklaration

OUT: Ausgangsvariablen-Deklaration

Bild 4.5: Programmbaustein-Typ-Beschreibung mit Eingangs- und Ausgangsvariablen

Programmbausteine existieren nach ihrer Instanziierung permanent und können mehrmals aktiviert werden, was jeweils eine einmalige Abarbeitung ihres Algorithmus bewirkt. Unterprogramme existieren im Gegensatz hierzu nur, so lange sie aktiviert sind, das heißt so lange ihr zuge-

höriger Algorithmus abgearbeitet wird. Mit der Beendigung
der Abarbeitung des Unterprogramm-Algorithmus werden
sämtliche vom Unterprogramm belegten Speicherbereiche
wieder freigegeben und die Existenz des Unterprogramm-
Objekts endet, lediglich sein Algorithmus bleibt existent.

Auch die in Bild 4.5 dargestellten Eingangs- und Ausgangsvariablen existieren im Gegensatz zu Unterprogramm-Parametern permanent und behalten ihren Wert über die Aktivierungszeitdauer des Programmbausteins hinaus. Sie dienen als Schnittstellenvariablen zur Kommunikation mit anderen Programmbausteinen. Die Festlegung als Eingangs- oder Ausgangsvariable entscheidet über die Schreib-/Leseberechtigung auf diese Schnittstellenvariablen.

Programmbausteine können in unterschiedliche funktionale Klassen eingeteilt werden. Tabelle 4.3 gibt eine Übersicht über mögliche Klassen von fertigungstechnischen Programmbausteinen. Diese können bei großer Variantenzahl in spezialisierte Unterklassen zergliedert werden.

- Kinematikansteuerung
- komplexe Sensorik
- anwendungsspezifische Bediener-Kommunikation
- MMS-orientierte Kommunikation
- anwendungsspezifische Werkzeug- und
  Werkstückverwaltung
- Fehlerbehandlung und Diagnosefunktionen

Tabelle 4.3: Klassen fertigungstechnischer Programmbausteine

Die Realisierung dieser Programmbaustein-Typen kann entweder vom Steuerungshersteller durchgeführt werden oder vom Anwender in dem hier vorgestellten durchgängigen Programmierverfahren. Eine Standardisierung der Programmbaustein-Typen für spezifische Aufgabenstellungen ist anzustreben.

Auch die Programme können als Spezialfälle von Programmbausteinen betrachtet werden. Technologie- und Geometriedaten werden in Form von Datenlisten durch Instanziierung vor der Programmaktivierung vom Anwender zugeordnet (Bild 4.6).

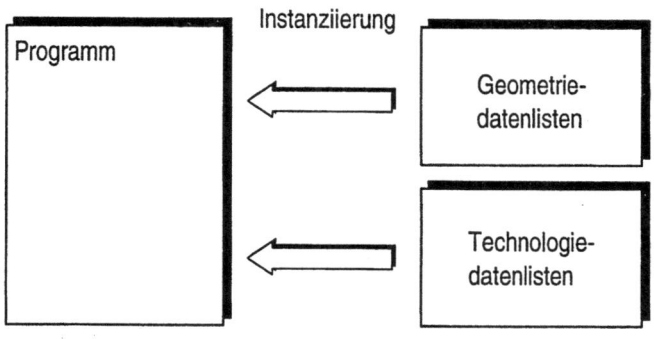

Bild 4.6: Zuordnung von Geometrie- und Technologiedaten zum Programm durch Instanziierung

4.3.2.2. Module

Der dargestellte Sprachentwurf sieht für die horizontale Gliederung von Anwender-Gesamtprogrammen ein Modularisierungskonzept vor, bei dem Programme beliebig in geschlossene, getrennt übersetzbare Einheiten (Module) unterteilt werden können. Hierbei besteht jedes Modul aus einem Programm, dessen Anweisungsteil auch leer sein kann und aus einer beliebigen Anzahl von Unterprogrammen, Variablen- und Typdeklarationen sowie Konstantendefinitionen (Bild 4.7).

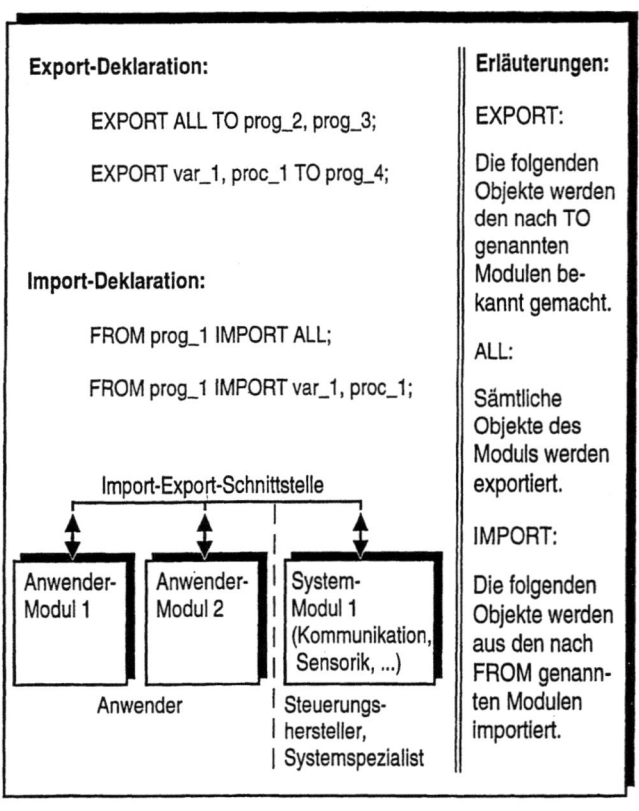

Bild 4.7: Modularisierung, Syntax entsprechend DIN 66312

Die Verknüpfung der Module geschieht über eine IMPORT-/EXPORT-Schnittstelle, die den Gültigkeitsbereich modullokaler Objekte auf andere Module erweitert. Variablen auf Programmebene sind hierbei ebenfalls permanente Datenobjekte. Eine Festlegung von Schreib- und Leseberechtigungen ist jedoch im Gegensatz zum Programmbaustein-Konzept nicht vorgesehen.

Unterprogramme können über diese IMPORT-/EXPORT-Schnittstelle modulübergreifend aktiviert werden, wobei aktivierungsbegleitend ein Satz von Datenobjekten als aktuelle Parameter von aktivierender zu aktivierter Instanz übergeben werden kann. Im Gegensatz zu den Eingangs- und Ausgangsvariablen des Programmbaustein-Konzepts sind diese Parameter keine permanenten Datenobjekte, sondern sind in ihrer Lebensdauer an den Aktivierungszeitraum der aktivierten Instanz gebunden.

4.3.3. Aktivierungs- und Ablaufsteuerung

Die durchgängige Behandlung der Aktivierung einzelner Programmbausteine der Zellen- und Maschinenebene ist ein zentraler Bestandteil der durchgängigen Fertigungszellen-Programmierung. Die hierbei einzusetzenden Verfahren müssen sich an die Beauftragung durch übergeordnete Einheiten der Leit- und Planungsebene durchgängig anpassen. Hierbei kann auf Zellenebene die Festlegung der Aktivierungsfolge von Programmbausteinen durch statische oder dynamische Verfahren erfolgen.

Verfahren zur dynamischen Festlegung der Aktivierungsfolge sehen die zeitlich beliebige, prioritätsorientierte Einräumung von Aktivierungsaufträgen für einzelne Programmbausteine auch während der Aktivierungszeit anderer Programmbausteine vor. Die Abarbeitung dieser Aufträge erfolgt prioritätgesteuert mit Unterbrechung niederpriorer Prozesse bei Aktivierung höherpriorer Prozesse (preemtive scheduling) unter Einsatz entsprechender Steuerungssysteme.

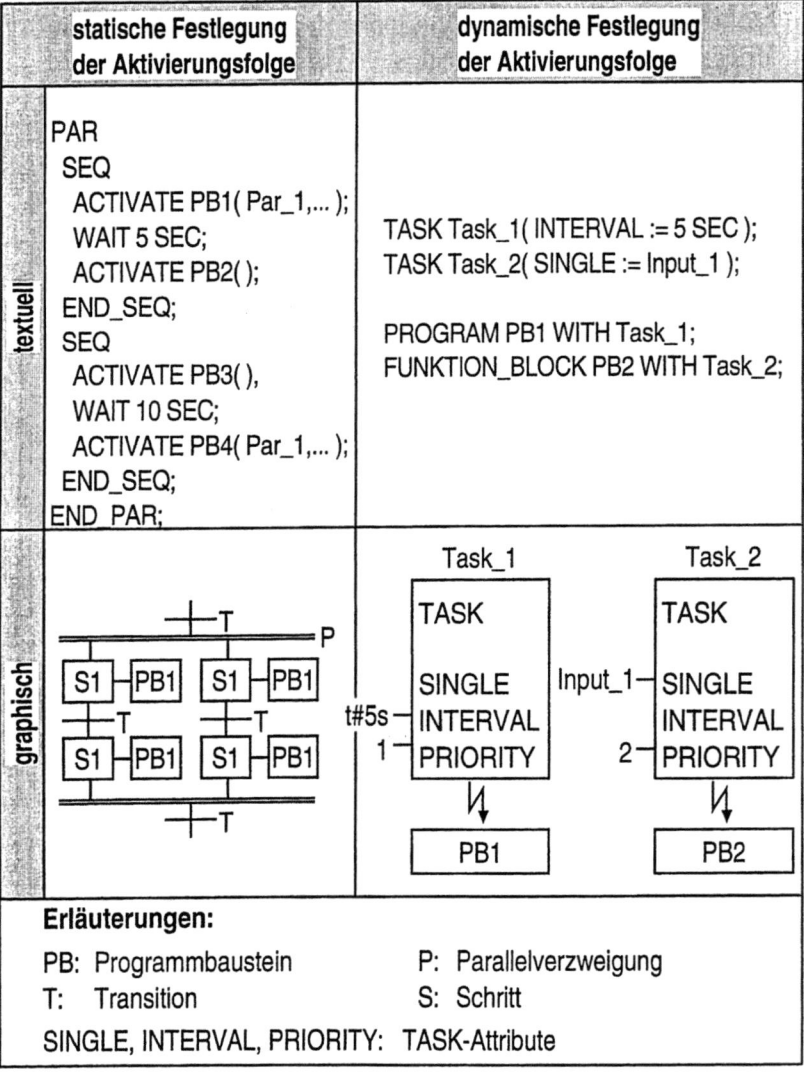

Bild 4.8: Programmbeispiele für die statische und dynamische Festlegung der Aktivierungsreihenfolge

Diese sehr universellen Verfahren sind ressourcenintensiv und aufgrund ihrer Anforderungen an die Steuerungsstruktur entsprechend entworfenen Zellenrechner-Verfahren zuzuordnen /16/.

Bei den Verfahren zur statischen Festlegung der Aktivierungsreihenfolge wird die prinzipielle Struktur der Aktivierungsfolge bereits in einer, der Laufzeit vorausgehenden Programmkonfigurierungsphase festgelegt und bleibt während der Laufzeit unverändert.

Beide Verfahren sind Bestandteil des hier entworfenen durchgängigen Fertigungszellen-Programmierverfahrens.

Die Entscheidung für den Einsatz eines statischen oder eines dynamischen Verfahrens zur Festlegung der Aktivierungsreihenfolge ist problemabhängig, wobei der Einsatz eines statischen Verfahrens im allgemeinen ressourcenökonomischer ist.

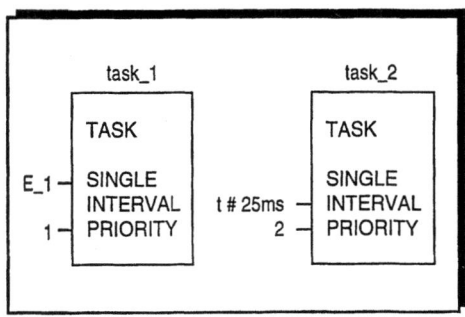

Erläuterungen:

TASK: Schlüsselwort für Aktivierungsbaustein.

task_1, task_2: Namen von Aktivierungsbausteinen.

SINGLE, INTERVAL, PRIORITY: Attribute

<u>Bild 4.9:</u> Attributierung von Aktivierungsbausteinen

Auf Zellenebene werden bei dem hier entworfenen durchgängigen Fertigungszellen-Programmierverfahren ein Konzept zur Programmbaustein-Aktivierung mittels Aktivierungsbausteinen (TASK) und das Konzept der petri-netz-ähnlichen

Ablaufsprache 'Sequential Function Chart' (SFC) /7/ eingesetzt.

Ein Aktivierungsbaustein kann zur Aktivierung von Programmbausteinen mit verschiedenen Attributen zur Aktivierungs-Steuerung versehen werden (Bild 4.9).

Hierbei dient das 'SINGLE'-Attribut zur einmaligen Aktivierung des mit dem Aktivierungsbaustein verknüpften Programmbausteins. Das 'INTERVAL'-Attribut beschreibt hingegen eine zyklisch wiederholte Aktivierung und das 'PRIORITY'-Attribut die Aktivierungs-Priorität.

Die Zuordnung von attributierten Aktivierungsbausteinen zu den zu aktivierenden Programmbausteinen erfolgt statisch in der Konfigurierungsphase durch graphische Hilfsmittel (Bild 4.10).

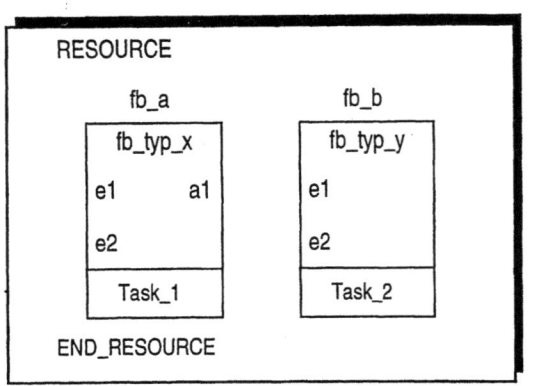

Bild 4.10: Zuordnung von Aktivierungsbausteinen zu Programmbausteinen

Die Ablaufsprachen-Methode ermöglicht die Festlegung einer statischen Ablaufreihenfolge der Aktivierung von Programmbausteinen. Die prinzipiellen Aktivierungsstrukturen der Ablaufsprache sind in Bild 4.11 dargestellt.

Eine Programmbaustein wird in eine Menge von Schritten (STEP) und Transitionen (TRANSITION) zergliedert, die durch gerichtete Kanten miteinander verbunden sind. Jedem Schritt ist hierbei eine Aktion (ACTION) und jeder Transition eine Übergangsbedingung (TRANSITON CONDITION) zugeordnet.

Die eigentliche Aktivierung von mit Aktionen verknüpften Programmbausteinen kann durch Aktionsblöcke (ACTION BLOCK) variabel gestaltet werden. Zur Attributierung der Aktivierung stehen Bestimmungszeichen (ACTION QUALIFIER) zur Verfügung, die beispielsweise eine zeitverzögerte Aktivierung ermöglichen.

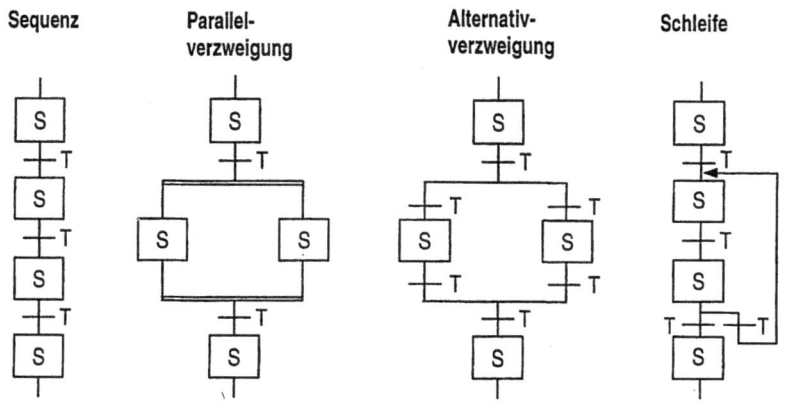

Bild 4.11: Aktivierungsstrukturen der Ablaufsprache

Auf Maschinenebene stehen die aus allgemeinen Hochsprachen bekannten Aktivierungs- und Ablaufsteuerungsfunktionen zur Verfügung (Bild 4.11).

Bild 4.12 gibt einen Überblick über programmlokale Aktivierungs- und Ablaufsteuerungskonstruktionen des entworfenen durchgängigen Programmierverfahrens.

```
- Unterprogrammaufrufe mit Parametern
- Beendigung einer Unterprogramm-Aktivierung
- Programmflußanweisungen:
    - Sprunganweisung (GOTO)
    - Verzweigungsanweisungen (IF, CASE)
    - Wiederholungsanweisungen (FOR, REPEAT, WHILE)
- Transitionen (WAIT FOR, WAIT SEC, PAUSE)
```

<u>Bild 4.12:</u> Programminterne Aktivierungs- und Ablaufsteuerung

Ein Fallbeispiel für die Anwendungsmöglichkeiten dieser Ablaufsteuerungs-Sprachkonstrukte innerhalb einer Drehzelle zeigt Bild 4.13. In diesem Programmierbeispiel wird ein Unterprogramm (PROCEDURE) zur Drehteilbearbeitung mit einem aktuellen Parameter, der die variable Länge des konkret vorliegenden Werkstücks vorgibt, aufgerufen. Die Werkstücklänge wird über ein Meßsystem, das an den analogen Prozeßeingang 'aktuelle_laenge' mit Kanalnummer 7 angeschlossen ist, erfasst. Die Bearbeitung innerhalb des Unterprogramms beginnt, sobald am digitalen Prozeßeingang 'eingang_1' mit der Kanalnummer 0 ein positives Signal anliegt.

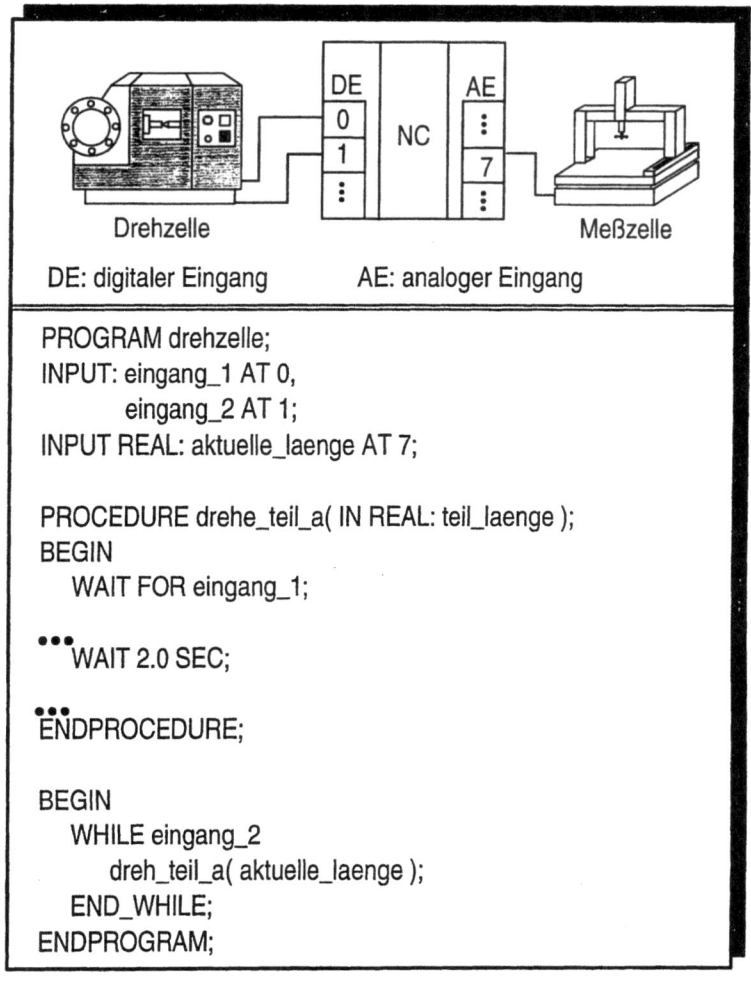

Bild 4.13: Programmbeispiel zur Ablaufsteuerung in einer Drehzelle

4.3.4. Behandlung von Fehler- und Ausnahmesituationen

Die Behandlung von Fehler- und Ausnahmezuständen innerhalb von Fertigungszellen-Programmen steht in engem Zusammenhang mit dem Aktivierungs- und Ablaufsteuerungskonzept, da eine Fehlersituation zu einer Änderung der Aktivierungsfolge von Programmeinheiten oder auch zum Abbruch der Aktivierung von Programmeinheiten führen kann.

Fehler können hierbei nach unterschiedlichen Kriterien klassifiziert werden, wie etwa steuerungsinterne und -externe Fehler. Bei der Fehlerbehandlung wird im allgemeinen angestrebt, auf Fehlersituationen mit abgestuften Maßnahmen angemessen zu reagieren.

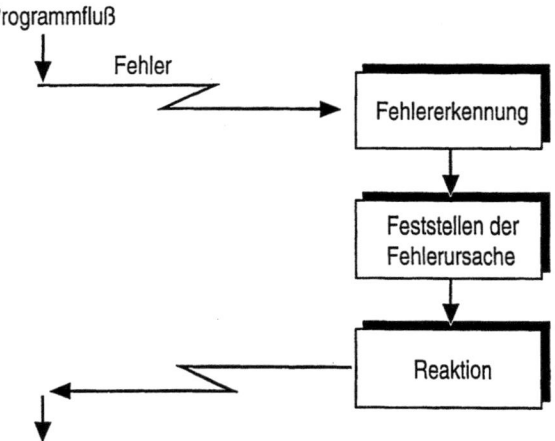

Bild 4.14: Phasen der Behandlung von Fehler- und Ausnahmezuständen

Diese Maßnahmen können vom einfachen Ignorieren von nicht relevanten Fehlersituationen über die Wiederholung von Teilaktivitäten oder die dynamische Umstrukturierung von Aktivierungsfolgen (rescheduling) bis zum völligen Programmabbruch reichen. Auch die Bereitstellung von, im fehlerfreien Bearbeitungsfall redundanten Programmeinheiten zur Auflösung von Fehlersituationen (recovery) ist eine mögliche Vorgehensweise.

Grundsätzlich kann die Behandlung von Fehler- und Ausnahmezuständen in die Phasen Fehlererkennung, Feststellen cer Fehlerursache und Reaktion unterteilt werden.

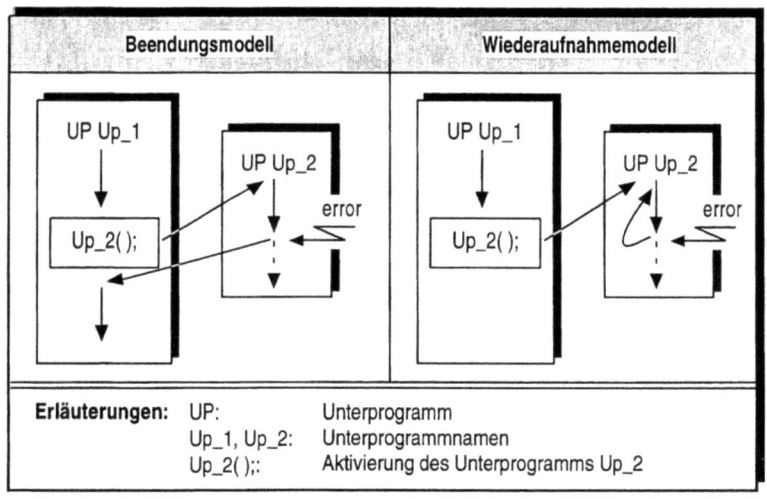

Bild 4.15: Modelle zur Fehlerbehandlung

Zur Fehlererkennung und zur Feststellung der Ursache können Umweltmodelle eingesetzt werden /38/ und zur Reaktion Mcdelle zur Behandlung von Ausnahmezuständen, welche sich in Beendungs-Modelle (Termination Model) und Wiederaufnahme-Modelle (Resumption Model) unterteilen lassen /39,25/. Bei Verfahren nach dem Beendungs-Modell wird die Aktivierung der zum Fehlererkennungszeitpunkt aktiven Programmeinheit beendet und die Aktivierung der dynamischen Vorgänger-Programmeinheit wiederaufgenommen. Bei Verfahren nach dem Wiederaufnahme-Modell wird der Algorithmus der zum Fehlererkennungszeitpunkt aktiven Programmeinheit entweder wiederholt, wiederaufgenommen, fortgesetzt oder abgebrochen.

In dem hier entworfenen durchgängigen Fertigungszellen-Programmierverfahren sind Konzepte enthalten, die die effiziente Behandlung von Fehler- und Ausnahmesituationen unterstützen. Auf Zellenebene ist durch die genannten Verfahren zur statischen und dynamischen Aktivierungs-Strukturierung implizit die Möglichkeit gegeben, frei definierbare Fehlerbehebungs-Strategien in den Programmaufbau zu integrieren. Auf Maschinenebene ist eine flexible Variante des Wiederaufnahme-Modells in das durchgängige Fertigungszellen-Programmierverfahren eingebracht.

Hierbei können für jede Programmeinheit Vorbedingungen (REQUIRE-Abschnitt) und Nachbedingungen (ENSURE-Abschnitt) als logische Ausdrücke formuliert werden. Sie bilden gleichsam die Schnittstelle der Programmeinheit mit einem gedachten Umweltmodell.

Die Auswertung der Vorbedingungen erfolgt zum Aktivierungszeitpunkt der Programmeinheit. Sie führt bei Nichterfüllung in einen Fehlerzustand der aktivierenden, dynamischen Vorgänger-Programmeinheit sowie zum Abbruch der aktivierten Programmeinheit. Die Auswertung der Nachbedingungen erfolgt am Ende des Aktivierungszeitraums einer aktivierten Programmeinheit. Auch Laufzeitfehler, wie beispielsweise Division durch Null im Anweisungteil einer Programmeinheit führen in einen Fehlerzustand.

Das Auftreten eines Fehlerzustand führt zur Aktivierung eines Fehlerbehandlungs-Programmabschnitts (RESCUE-Abschnitt). Innerhalb dieses Programmabschnitts kann durch programmtechnische Maßnahmen festgelegt werden, ob die Abarbeitung der gesamten fehlerbehafteten Programm-

einheit wiederholt werden soll oder ob die Aktivierung
der Programmeinheit abgebrochen werden soll.

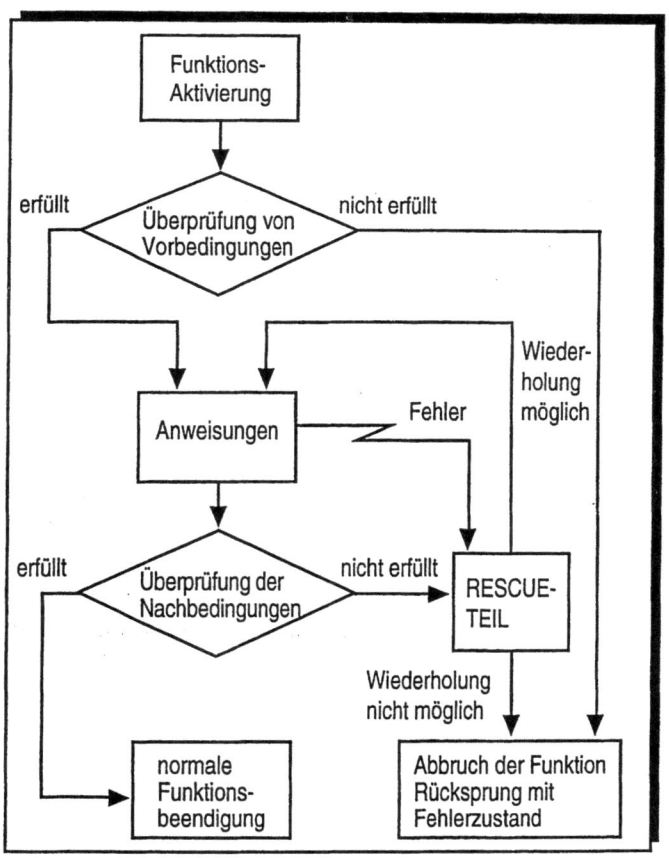

Bild 4.16: Programmfluß zur Fehlerüberwachung und Behebung

```
PROCEDURE beispiel;
REQUIRE
  <logische Ausdrücke>
VAR
  <Deklarationsteil>
BEGIN
  <Anweisungsteil>
ENSURE
  <logische Ausdrücke>
RESCUE
  <Fehlerbehandlung>
ENDPROC;
```

<u>Bild 4.17:</u> Programmbeispiel für Ausnahmebehandlungs-Programmabschnitte

Voraussetzung für eine Wiederholung der Abarbeitung ist die Wiederherstellung des ursprünglichen Kontextes zum Aktivierungszeitpunkt der Programmeinheit, beispielsweise durch erneute Initialisierung von lokalen Variablen. Dies kann allerdings nicht in jedem Fall erreicht werden, da bestimmte Programmaktionen wie etwa an Referenzvariable oder an Prozeßperipherie-Schnittstellen unwiderrufliche Auswirkungen auf den Kontext und das Umweltmodell der Programmeinheit haben.

Bild 4.17 zeigt ein Programmbeispiel für die Zuordnung von Vorbedingungen (REQUIRE), Nachbedingungen (ENSURE) und Fehlerbehandlungs-Programmabschnitt (RESCUE) zu einem Unterprogramm (PROCEDURE).

4.3.5. Datentypen

Datentypen beschreiben die Menge der zulässigen Werte und die auf dieser Menge zulässigen Operationen eines Datenobjekts. Die durchgängige Behandlung von Programmeinheiten auf Zellen- und Maschinenebene erfordert neben einem harmonisierten Aktivierungs- und Ablaufsteuerungskonzept auch ein durchgängiges Konzept zur Beschreibung von Datentypen.

Typbeschreibung	Bedeutung
BOOL	logisch
INT	ganzzahlig
REAL	numerisch reellwertig
CHAR	Zeichen
STRING	Zeichenkette
TEXT	Zeichendatei
POSITION	Position im Raum
ORIENTATION	Orientierung im Raum
POSE	Punkt im Raum
ROBTARGET	Punkt im Raum mit Zusatzinformation
JOINT	Gelenkstellung einer Kinematik
TIME	Zeitdauer
DATE	Zeitpunkt

<u>Bild 4.18:</u> Standard-Datentypen des durchgängigen Fertigungszellen-Programmierverfahrens

Dies ist erforderlich, da die durchgängige Behandlung von Daten auf Zellen- und Maschinenebene einen effizienten Austausch von Daten zwischen diesen Ebenen voraussetzt, was wiederum eine einheitliche Beschreibungsmethode erfordert.

Die in dem durchgängigen Fertigungszellen-Programmierverfahren zur Verfügung stehenden Standard-Datentypen sind in Bild 4.18 aufgezeigt.

```
Direkte Ableitung:
  TYPE neu_typ: REAL; END_TYPE
```

```
Aufzählungstyp:
  TYPE neu_typ: ( blau, rot ); END_TYPE
```

```
Dateityp:
  TYPE FILE OF INT = neu_typ;
```

```
Arraytyp:
  TYPE ARRAY [ 1 .. 5 ] OF REAL = neu_typ;
```

```
Strukturtyp:
  TYPE
    RECORD
      REAL: strom;
      POSE: punkt;
    ENDRECORD = neu_typ;
```

Bild 4.19: Datentyp-Ableitungsmechanismen

Zur Ableitung von geometrischen sowie anwenderdefinierten Datentypen aus den elementaren Datentypen stehen die in Bild 4.19 aufgezeigten Datentyp-Ableitungsmechanismen zur Verfügung, die semantisch den in Sprachen wie PASCAL oder "C" gegebenen Mechanismen entsprechen.

```
PROGRAM montage;
TYPE
  RECORD
    REAL: teile_laenge, teile_breite;
    BOOL: teil_vorhanden;
  ENDRECORD = bauteil_beschreibung;

  ARRAY [ 1..5 ] OF
    ARRAY [ 1..10 ] OF bauteil_beschreibung
      = paletten_typ;
  ...
BEGIN
  ...
ENDPROGRAM;
```

Bild 4.20: Programmbeispiel zur Datentyp-Ableitung einer
Palettenbeschreibung

Das Programmbeispiel in Bild 4.20 zeigt die Ableitung des
Datentyps 'paletten_typ' zur Behandlung einer Palette,
die mit Einzelteilen in 5 Zeilen und 10 Spalten bestückt
werden kann. Für jeden Einzelteilplatz legt die Struktur-
beschreibung im RECORD 'bauteil_beschreibung' fest, ob
das Teil vorhanden ist und welche Maße 'teile_laenge' und
'teile_breite' es besitzt.

Zur Anpassung der kinematikspezifischen Datentypen und
-objekte an die konkret vorliegende Roboterkinematik ist
es möglich, die Beschreibung der hierfür relevanten Typen
und Objekte in einer Systemspezifikations-Datei variabel
zu hinterlegen. In dieser Datei kann beispielsweise der
Gelenkdatentyp (JOINT) in Haupt- (MAIN_JOINT) und Neben-
gelenke (ADD_JOINT) mit jeweils beliebig vielen Einzelge-
lenken zergliedert werden, wobei zu den Hauptgelenken

diejenigen Gelenke zählen, die in den steuerungsinternen Koordinatentransformations-Algorithmus mit einbezogen sind. Der Datentyp zur eindeutigen, raumbezogenen Beschreibung einer Kinematikstellung (ROBTARGET) kann beliebig mit den hierfür erforderlichen Einzelkomponenten versehen werden. In Bild 4.21 ist ein Ausschnitt aus einer Systemspezifikations-Datei dargestellt.

```
CONST
  INT: R_NTURNS := 2;      { Anzahl der Gelenke, die mehr
                             als 360 Grad drehen }
TYPE
  RECORD
    POSE: PSE;             { Posit. und Ori. des TCP }
    INT: STATUS;           { systemspez. Informationen }
    ARRAY [ 1 .. R_NTURNS ] OF INT: TURNS;
                           { Anz. d. Drehungen um 360 Grad
    }
    ADD_JOINT: A_JOINT;    { Stellung von Zusatzgelenken }
  END_RECORD = ROB_TARGET;
```

Bild 4.21: Ausschnitt aus einer Systemspezifikations-Datei

Bei der Interpretation von Punkten im Raumkoordinatensystem kann unter verschiedenen Orientierungs-Definitionen gewählt werden. Neben unterschiedlichen Orientierungs-Festlegungen durch aufeinanderfolgende Drehungen um ursprüngliche oder verdrehte Koordinatensystem-Achsen steht auch die Orientierungs-Definition durch Drehung um eine beliebig vorgegebene Achse im Raum und durch Quaternionen zur Verfügung /6,41/.

4.3.6. Datenobjekte

Datenobjekte verbinden einen Namen mit einem Wert, wobei die prinzipiellen Eigenschaften des Datenobjekts durch einen dem Datenobjekt zugeordneten Datentyp festgelegt werden.

Datenobjekte können hierbei einen über die Programmlaufzeit konstanten oder variablen Wert besitzen. Durch die Festlegung als permanente Variable (PERMANENT, TEACH) ist es möglich, die Lebensdauer von Datenobjekten unabhängig von einer Programmlebensdauer festzulegen. Permanente Datenobjekte werden hierbei in programmbegleitenden Datenlisten verwaltet, die sich beliebig Programmen zuordnen lassen. TEACH-Variablen sind permanente Datenobjekte, deren Wert durch maschinennahe geometrie- und technologieorientierte Einlernverfahren (Teach-In) ermittelt wird. Datenlisten bilden zudem eine Schnittstelle zur Übergabe von Geometrie- und Technologie-Daten aus CAD-Systemen.

CONST REAL: neu_const := 1.5;	Konstanten-Deklaration
VAR REAL: neu_var := 2.7;	Variablen-Deklaration mit Initialwert
VAR TEACH POSE: neu_var; VAR PERMANENT INT: neu_var_1;	permanente Datenobjekte

Bild 4.22: Datenobjekt-Deklaration

5-Achsen-Fräszelle	Zuführeinrichtung
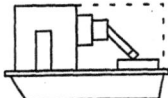	
| ```
PROGRAM fraeszelle;
VAR
  OUTPUT: fraeszelle_bereit AT 1;
  POSE: ruhe_lage,
        teil1_start_lage;
  TEACH ARRAY[] OF POSE:
    relativ_trajectorie;
  INPUT: teil_eingelegt AT 1
  OUTPUT: kuehlmittel_ein AT 15;

BEGIN
  WHILE 1
    fraeszelle_bereit := 1;
    WAIT 2 SEC;
    fraeszelle_bereit := 0;
    WAIT FOR teil_eingelegt;
    MOVE LIN teil1_start_lage;
    kuehlmittel_ein := 1;
    MOVE PTP PATH
      relativ_trajectorie[];
    MOVE LIN ruhe_lage;
    kuehlmittel_ein := 0;
  ENDWHILE;
ENDPROGRAM;
``` | ```
PROGRAM zufuehrroboter;
VAR
  INPUT: fraeszelle_bereit AT 5,
         palette_leer AT 3;
  POSE: paletten_lage,
        fraeszellen_lage,
        ruhe_lage;
  OUTPUT: teil_eingelegt AT 7;

BEGIN
  WHILE NOT palette_leer
    MOVE LIN paletten_lage;
    ••• (Teil holen)
    MOVE LIN ruhe_lage;
    WAIT FOR fraeszelle_bereit;
    MOVE LIN fraeszellen_lage;
    ••• (Teil einlegen)
    MOVE LIN ruhe_lage;
    teil_eingelegt := 1;
    WAIT 2 SEC;
    teil_eingelegt := 0;
    WAIT FOR fraeszelle_bereit;
    MOVE LIN fraeszellen_lage;
    ••• (Teil holen)
    MOVE LIN ruhe_lage;
    MOVE LIN paletten_lage;
           (Teil in spezifischer
    •••     Lage ablegen)
    MOVE LIN ruhe_lage;
  ENDWHILE;
  WRITELN( "Palette abgearbeitet" );
ENDPROGRAM;
``` |

Bild 4.23: Programmbeispiel mit geometrie-orientierten Datenobjektdeklarationen in der Fräszelle mit roboterbestückter Zuführeinrichtung

Die Datenobjekte in dem Programmbeispiel in Bild 4.23
werden für das koordinierte Zusammenarbeiten einer Fräsmaschine und eines Roboters zur Teilezuführung innerhalb
einer Fertigungszelle benutzt. Über die digitalen Prozeßein-/ausgänge 'fraeszelle_bereit' und 'teil_eingelegt'
werden die Abarbeitungsvorgänge beider Maschinen synchronisiert.

Die Datenobjekte vom Datentyp 'POSE' legen Punkte im Raum
nach Position und Orientierung fest, die die beiden Maschinen anfahren können. Das Teach-Array
'relativ_trajektorie' beschreibt eine Folge von Raumpunkten, die der Reihe nach angefahren werden können. Die Anzahl und die Koordinaten dieser Punkte müssen zum Zeitpunkt der Programmierung noch nicht festgelegt sein, sondern werden in einer getrennten Einlernphase bestimmt.

4.3.7. Kommunikation und Sensorik

Die in einer Roboterzelle anfallenden Kommunikationsaufgaben lassen sich einteilen in

- Kommunikation mit anderen Steuerungssystemen,

- Kommunikation mit dem technischen Prozeß,

- Kommunikation mit Bedienpersonal vor Ort.

Diese Kommunikationsbereiche lassen sich zudem in echtzeitnahe, das heißt streng deterministischen Zeitanforderungen unterliegenden Kommunikationsfunktionen und echtzeitferne Anforderungen unterteilen.

Wenngleich mit der Anlehnung an DIN 66312 auf Maschinenebene einfache kanalorienierte Kommunikationsfunktionen
zur Kommunikation mit Bedienpersonal über Bildschirm und

Tastatur zur Verfügung stehen, soll dieser Bereich hier nicht weiter untersucht werden. Zukunftsweisend Konzepte im Bereich der Bedienpersonal-Kommunikation setzen Bildschirmfenster und graphische Symboltechniken ein /42/.

Zur Kommunikation mit anderen, beispielsweise hierarchisch übergeordneten Steuerungssystemen stehen MMS-orientierte Kommunikations-Programmbausteine (Bild 4.24) sowie die dateiorientierte Kommunikation, beispielsweise mit Datenlisten zur Verfügung.

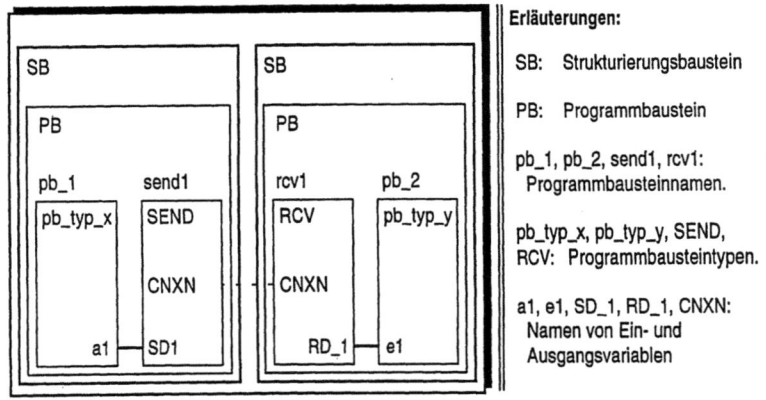

Bild 4.24: Anwendung von MMS-orientierten Kommunikations-Programmbausteine, Beispiel: SEND, RCV.

Die Kommunikations-Programmbausteine 'send1' und 'rcv1' vom Programmbaustein-Typ 'SEND' und 'RCV' in Bild 4.24 werden durch Instanziierung in den Programmkontext eingebunden und in diesem Beispiel mit den vom Anwender erstellten Programmbausteinen 'pb_1' und 'pb_2' verknüpft, welche sich in verschiedenen Programmen in räumlich getrennten Geräten befinden. Diese Kommunikations-Programmbausteintypen können beliebig oft instanziiert werden, wodurch ihre beliebig häufige Wiederverwendbarkeit gewährleistet ist.

Auf Maschinenebene sind Möglichkeiten zur Kommunikation mit dem technischen Prozeß über den direkten Zugriff auf digitale und analoge Eingangs- und Ausgangskanäle gegeben.

Signal-Deklaration:

```
VAR
  {digitale Eingangsklemme: }
  INPUT BOOL: gripper AT 2;

  {digitale Eingangsklemmleiste: }
  INPUT INT: sensordata AT (2..4);

  {digitale Ausgangsklemmleiste: }
  OUTPUT INT: controldata AT (2,5,1,4);

  {analoge Ausgangsklemme: }
  OUTPUT REAL: drive AT 1;
```

Signal-Ein-/Ausgabe:

```
drive := 2.7;
WAIT FOR gripper;
controldata := sensordata * 0.5;
```

<u>Bild 4.25:</u> Prozeßkommunikation auf Maschinenebene

Bild 4.25 zeigt die Deklarationsmöglichkeiten von Prozeßsignalen als Eingangs- und Ausgangsvariablen innerhalb eines Programms auf Maschinenebene sowie die Zugriffmöglichkeiten innerhalb des Programm-Anweisungsteils.

Durch Erstellung von Auswerte- und Ansteuer-Unterprogrammen für analoge und digitale Schnittstellen zum technischen Prozeß können anwendungsspezifisch Sensor- und Aktoransteuerfunktionen realisiert werden. Falls eine direkte Beeinflußung der Bewegungssteuerung einer Kinematik durch Sensorinformationen während der Bewegung erforderlich ist, sind entsprechende Schnittstellen zum Steuerungkern der Bewegungssteuerung bereitzustellen. Hierdurch kann beispielsweise ein sensorgeführter Bearbeitungsvorgang anwendungsspezifisch eingerichtet werden.

4.3.8. Geometriedaten-Verarbeitung

Zur Behandlung von geometrie- und technologieorientierten Aufgabenstellungen stellt das durchgängige Fertigungszellen-Programmierverfahren neben den hierzu notwendigen Standard-Datentypen und Typkonstruktions-Mechanismen entsprechende Operationen zur Verfügung. Diese Operationen sind teilweise fest in den Sprachumfang als eigene Sprachkonstruktionen integriert oder werden als Bibliotheksfunktionen bereitgestellt oder können anwendungsspezifisch aus elementaren Operationen aufgebaut werden. Die verfügbaren elementaren Operationen sind in Bild 4.26 und die bewegungsspezifischen Anweisungen in Bild 4.27 dargestellt.

Durch eine Reihe von vorgegebenen Attributen lassen sich die Bewegungsanweisungen auf Maschinenebene beeinflussen. So kann beispielsweise die Bahn- bzw. Gelenkgeschwindigkeit (SPEED) und -Beschleunigung, das Überschleifverhalten an Bahnzwischenpunkten oder auch eine Bewegungsabbruchbedingung anwendungsspezifisch vorgegeben werden.

Logische Operatoren:		Arithmetische Operatoren:	
- Konjunktion	(AND)	- Addition	(+)
- Disjunktion	(OR)	- Subtraktion	(-)
- Negation	(NOT)	- Multiplikation	(*)
- Exklusiv-Oder	(EXOR)	- Division	(/)
- Gleichheit	(=)	- Ganzzahldivision	(DIV)
- Größer	(>)	- Modulofunktion	(MOD)
- Kleiner	(<)		
- Ungleichheit	(<>)	**Geometrische Operatoren:**	
- Größer gleich	(>=)		
- Kleiner gleich	(<=)	- Addition	(+)
		- Subtraktion	(-)
		- Multiplikation	(*)
		- Division	(/)

<u>Bild 4.26:</u> Elementare Operationen

Die Auswahl der mit den Bewegungsbefehlen anzusteuernden Kinematik erfolgt bei Zellenkonfigurationon mit mehreren Kinematiken durch ein Auswahlattribut der Bewegungsanweisung.

Linear interpolierte Bewegungsbahn: MOVE LIN pose_1;
Bewegung entlang einer explizit vorgegebenen Punktfolge: MOVE LIN PATH (pose_1, pose_2, pose_3);
Bewegung entlang einer geschlossen vorgegebenen Punktfolge: MOVE LIN PATH kante[];
Bewegung relativ zu einem frei wählbaren Koordinatensystem: MOVE LIN PATH rel_koord: (pose_1, pose_2);
Zirkular interpolierte Bewegungsbahn mit Bewegungsparameter: MOVE CIRCLE pose_1, pose_2 SPEED := 100.0;
Inkrementelle Synchro-PTP-Bewegung: MOVE_INC PTP pose_1;

Bild 4.27: Bewegungsspezifische Anweisungen

4.3.9. Technologie-Datenverarbeitung

Anforderungen an die Programmierbarkeit technologischer Funktionen erwachsen aus unterschiedlichen fertigungstechnischen Teilbereichen. So werden beispielsweise beim Löten programmierbare Funktionen zur Vorgabe und Steuerung bzw. Regelung von Löttemperatur, Drahtvorschub, Anpreßkraft, Vor- und Nachwärmezeit sowie programmierbare Überprüffunktionen und verschiedene Ein- und Ausschaltfunktionen benötigt. Programmierbare Steuer- und Regelfunktionen werden auch beim Punktschweißen (Stromregelung), Kleben (Druck-, Materialflußregelung), Farbauftragen (Materialflußregelung) oder Schrauben (Drehmomentregelung) benötigt. Bei Füge- und Entgrat-Bearbeitungsvorgängen werden zunehmend sensorgestützte geometrische Führungsgrößenerzeugungs-Funktionen eingesetzt. Beim Bahnschweißen wird häufig eine pendelartige Überlagerung der vorgegebenen Bahn angewendet.

Die aus solchen Fertigungsvorgängen erwachsenden Anforderungen an die Programmierbarkeit von Technologie-Funktionen lassen sich in folgende Klassen einteilen:

- Regeln und Steuern von technischen Prozeßgrößen
- Überwachen von technischen Prozeßgrößen
- programmierbare Wartezeiten und Synchronisationsfunktionen
- prozeßgrößenabhängige geometrische Bewegungs-Führungsgrößen-Beeinflußung

Diese Anforderungen werden im Sprachkonzept des durchgängigen Fertigungszellen-Programmierverfahrens einerseits durch vorgegebene Mechanismen und Funktionen erfüllt oder sie lassen sich anwendungsspezifisch mit vorhandenen Mechanismen und Funktionen aufbauen. So lassen sich beispielsweise die Prozeßgrößenerfassung und -ansteuerung mit den vorgestellten Kommunikations- und Sensorauswertemechanismen durchführen.

Prinzipiell lassen sich die technologischen Funktionen durch

- Aktivierung und Parametrierung von vorgefertigten Programmbausteinen
- Erstellung von anwendungsspezifischen Programmbausteinen
- Parametrierung von vorhandenen Sprachanweisungen
- Einstellung von Parametern des Steuerungsbetriebssystems

realisieren.

Bild 4.29 zeigt verschiedene Möglichkeiten zur Vorgabe und Parametrierung von technologischen Prozeßgrößen an einem Programmbeispiel zur Steuerung eines Schweißroboters mit NC-gesteuertem Schwenktisch. Sowohl der Schweißstrom als auch die Überlagerung der Roboterbewegung durch eine Pendelbewegung (WOBBLE) können vom Anwender im Programm vorgegeben werden.

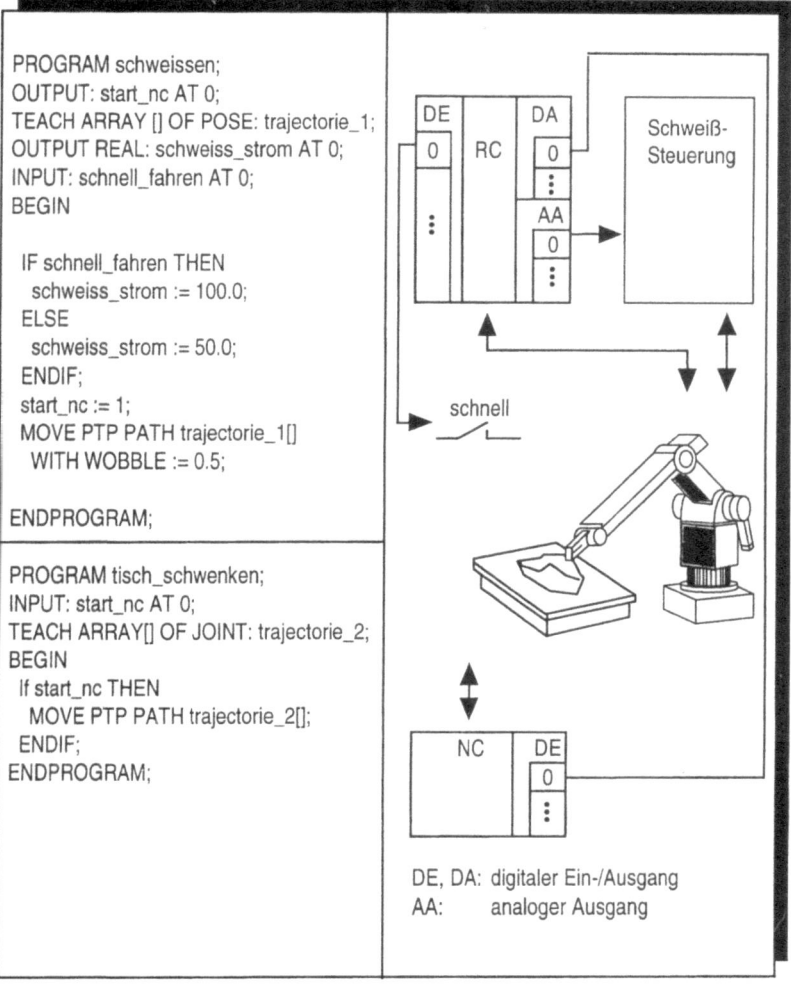

Bild 4.29: Programmbeispiel zur Vorgabe technologischer Parameter

4.4. Abbildung auf ein universelles Fertigungszellen-Steuerungsmodell

4.4.1. Entwurf des Modells

Bei dem Entwurf eines durchgängigen Fertigungszellen-Programmierverfahrens sind neben den konzeptionellen und funktionalen Anforderungen an das Programmierverfahren selbst, die in erster Linie aus Anwendersicht erwachsen, auch Randbedingungen zu berücksichtigen, die aus der Abbildung von Programmkonzepten und -funktionen auf konkrete ausführende Einheiten erwachsen. In diesem Zusammenhang wird im folgenden ein Modell der Steuerung auf Zellen- und Maschinenebene dargestellt, welches diese Abbildung konzeptionell durchgängig ermöglicht.

Um eine möglichst langfristige Tragfähigkeit der Gesamtkonzeption zur Fertigungszellen-Programmierung zu gewährleisten, wird beim Entwurf dieses Modells weitgehend von konkreten gerätetechnischen Realisierungsmöglichkeiten abstrahiert. Stattdessen beschreibt dieses Modell die konzeptionellen und funktionalen Charakteristika eines Automaten zur Ausführung der aus der Abbildung eines durchgängigen Fertigungszellen-Programmierverfahrens erwachsenden Aufgaben.

Während bei den derzeit vorhandenen Steuerungstypen eine vollständige Abbildung der durchgängigen Fertigungszellen-Programmierverfahrens nur auf eine heterogene Steuerungskonfiguration möglich ist, die konzeptionell in sich nicht abgestimmt ist, wird mit dem Entwurf eines universellen Fertigungszellen-Steuerungsmodells eine konzeptionell geschlossene Lösung zur Abbildung des Programmierverfahrens geschaffen. Bild 4.30 stellt die Abbildung auf das Modell einer universellen Zellensteuerung der Abbildung auf die bisher gegebene heterogene Steuerungskonfiguration gegenüber.

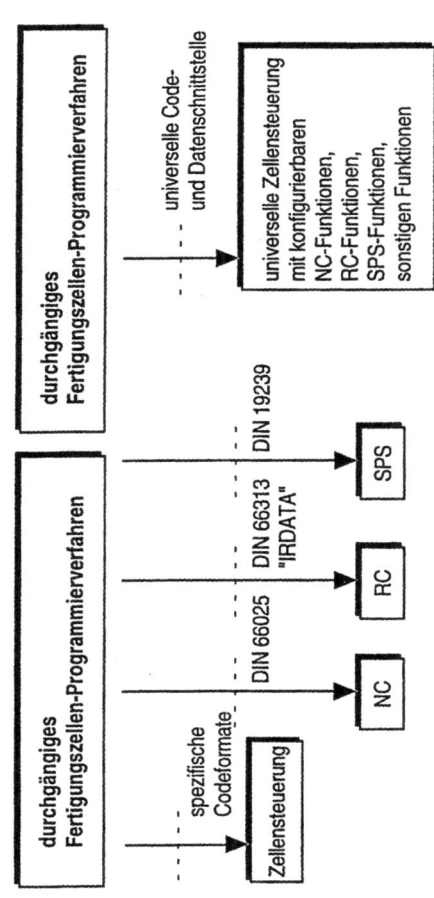

Bild 4.30: Gegenüberstellung der Abbildung der durchgängigen Programmiersprache auf eine heterogene Steuerungskonfiguration und eine universelle Zellensteuerung

Das Modell der universellen Zellensteuerung ist hierbei durch seine Code- und Datenschnittstelle sowie durch die, mittels Konfiguration beliebig hinzufügbaren Grundfunktionen aus den steuerungstechnischen Teilbereichen und neuartigen Funktionen definiert. Im Zusammenhang mit der gestellten Problematik der durchgängigen Programmierung ist die Konzeption der Steuerungskonfigurierbarkeit selbst nicht von Interesse und wird daher im folgenden nicht untersucht.

Vorteile des Modells einer universellen Zellensteuerung gegenüber der herkömmlichen, heterogenen Steuerungskonfiguration auf Zellen- und Maschinenebene sind

- einheitliche Code- und Datenschnittstelle,
- durchgängige Konzeption der Steuerung und Datenhaltung,
- freie Konfigurierbarkeit.

Für die Abbildung von Programmierverfahren für Industrieroboter wurde mit der DIN 66314 (IRDATA) /22/ eine Code-Schnittstelle auf Maschinenebene geschaffen, deren Konzept als eine Basis für den Entwurf einer universellen Schnittstelle auf Zellen- und Maschinenebene und somit für den Entwurf des Modells einer universellen Fertigungszellen-Steuerung dienen kann.

IRDATA ist zudem eine Referenz beim Entwurf des gegenwärtig entstehenden internationalen Standards ISO/CD 10562 (ICR) zur Beschreibung einer roboterspezifischen Code-Schnittstelle, was eine weitere Verbreitung dieses Konzepts erwarten läßt.

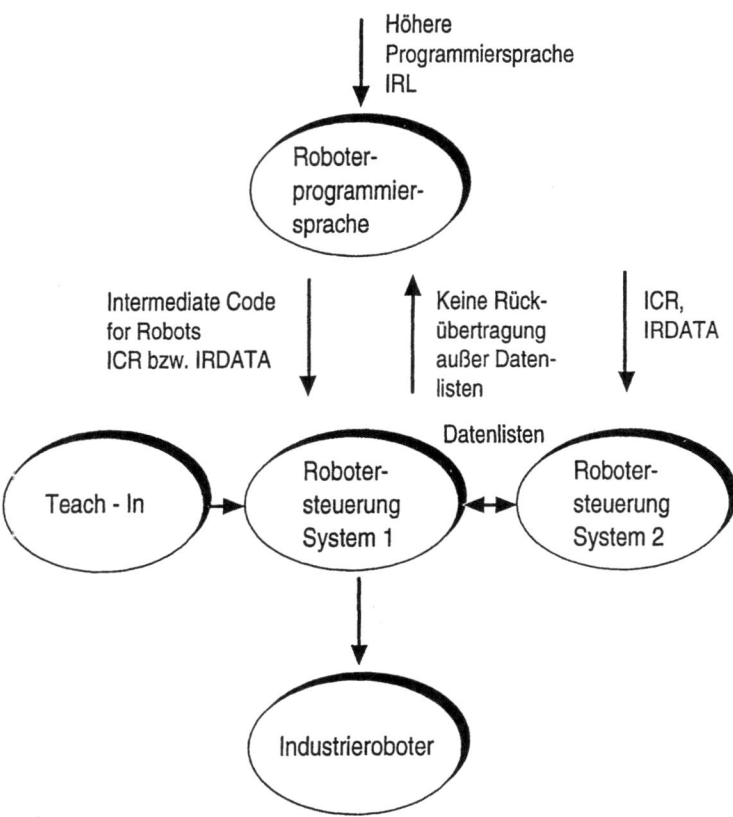

Bild 4.31: Referenzmodell zur Abbildung von Robotersteuerungsprogrammen über IRDATA bzw. ICR auf eine Robotersteuerung

Bild 4.31 zeigt ein Referenzmodell für die mögliche Abbildung einer Roboterprogrammiersprache auf eine Robotersteuerungs-Konfiguration über die IRDATA-Schnittstelle. Zusätzlich sind in diesem Modell die Möglichkeiten zur Verwendung von Einlernverfahren und die Verwendung von Datenlisten zur programmungebundenen Datenhaltung aufgezeigt.

Programmstruktur und -abarbeitung	- Blockstrukturierung - Programmflußanweisungen
programminterne Datenhandhabung	- Adressierungsarten - arithm., log. und geom. Operationen - blockorientierte Variablendeklarat. - Kellermechanismus
programmbegleit. Datenhandhabung	- Datenlistenkonzept
Datenstrukturierung	- einfache und strukturierte Datentypen - geometrische Datentypen
Technologie	- Manipulation technologischer steuerungsinterner Größen - Roboteridentifikation und -auswahl - Beschreibung von Roboter- und Arbeitsraum-Eigenschaften
Geometrie	- Bewegungssteuerung - Bewegungsparametrierung - Einlernverfahren
Kommunikation	- Sensor-/Aktor-Ansteuerung - kanal-orientierte Kommunikation (V.24, ...) - zeichenorientierte Kommunikation
Behandlung von Fehler- und Ausnahmesituationen	- Fehlerzustandsüberwachung - Anweisungen zur Fehlerreaktion
Funktionsbausteinkonzept	- Deklaration von Funktionsbausteinen - funktionsbaustein-relative Adressierungsarten

<u>Tabelle 4.4:</u> Konzepte und Funktionen der universellen Code- und Datenschnittstelle

Zur Festlegung eines universellen Steuerungsmodells zur
Behandlung aller in einer Fertigungszelle anfallenden,
anwendungsspezifischen Aufgabenstellungen wurden neben
den in IRDATA bzw. ICR beinhalteten Konzepten und Funktionen, die die Anforderungen auf Maschinenebene abdekken, auch die zur Abdeckung der Aufgabenstellungen der
Zellenebene erforderlichen Konzepte und Funktionen berücksichtigt.

Tabelle 4.4 zeigt die Konzepte und Funktionen der entworfenen Code- und Datenschnittstelle des universellen Zellensteuerungsmodells. Gegenüber DIN 66314 (IRDATA) wurde
hierbei das Datenlistenkonzept um Datenobjekte variabler
Größe zur Handhabung von einzulernenden Datenobjekten
(Teach-Daten) mit dynamischer Größe erweitert sowie die
Konzepte zur Fehlerbehandlung und das Programmbausteinkonzept hinzugefügt.

4.4.2. Behandlung von Programmbausteinen

Die Abbildung des objekt-orientierten Instanziierungsmechanismus erfordert entsprechende Konzepte und Funktionen
in der Codeschnittstelle des universellen Steuerungsmodells. Das hierbei gewählte Modell zur statischen Verschachtelung von Programmbaustein- und Unterprogramm-Blöcken ist in Bild 4.32 dargestellt.

Innerhalb eines Blocks sind die Objekte dieses Blocks sowie die Objekte sämtlicher statischer Vorgängerblöcke,
sofern diese nicht durch gleichnamige Objekte überdeckt
werden, sichtbar.

Nach dem Modell nach Bild 4.32 haben alle Blöcke Zugriff
auf Objekte des Rahmenblocks, der Standard-Variablen und
-Unterprogramme sowie globale benutzerdeklarierte Variablen enthält. In der Blockstruktur des durchgängigen Pro-

grammierverfahrens sowie der Codeschnittstelle des universellen Steuerungsmodells sind Programmbaustein-Blöcke nebeneinander mit derselben Blockschachtelungstiefe (BST=1) existent und bilden somit jeweils für sich einen abgeschlossenen Sichtbarkeits- und Existenzbereich für deren lokale Objekte. Nur durch besondere instanz-übergreifende Zugriffsmechanismen, ist ein Zugriff etwa vom Programmbaustein auf lokale Daten eines anderen Programmbausteins möglich.

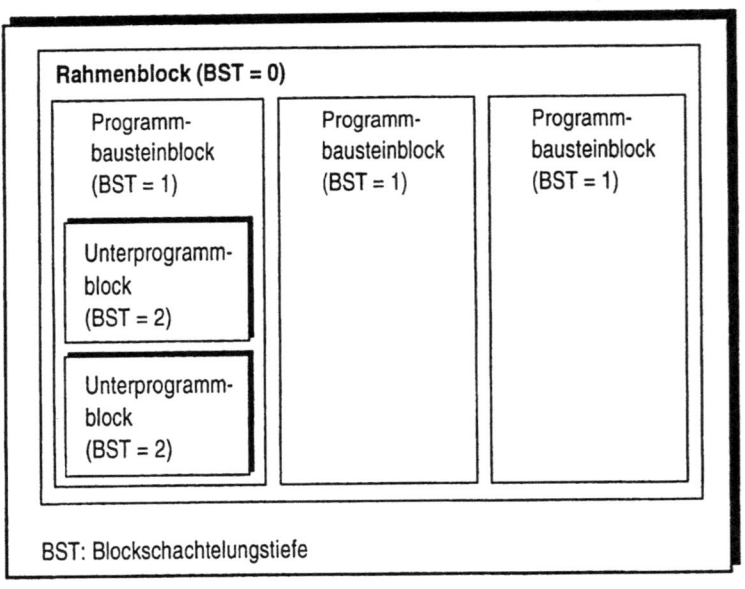

Bild 4.32: Abbildung der statischen Blockverschachtelungsstruktur des durchgängigen Fertigungszellen-Programmierverfahrens mit Programmbausteinen auf die universelle Codeschnittstelle

Bild 4.33 erläutert die Sprachelemente des universellen Zwischencodes, die die Behandlung von Programmbaustein-Instanzen und instanz-übergreifenden Objektzugriffsmechanismen ermöglichen.

Sprachelement	abstrahierte Syntax	Erläuterung
Desactivate	DESACT	Beendigung der Aktivierung eines Programmbausteins.
Activate	ACTIVATE, pb_i;	Aktivierung des Programmbausteins pb_i.
Instanciate	INST, pb_i, code_satz_nr, (Ein-/Ausgangs- und lokale Variablen)	Instanziierung des Programmbausteins pb_i, dessen Programmbaustein-Typ-Code an der Stelle 'code_satz_nr' beginnt und mit einer Desactivate-Anweisung endet. Zusätzlich werden die Ein-/Ausgangs- und lokalen Variablen der Programmbaustein-Instanz deklariert.
(instanz-relative Adressierung)	MOVE TOS ← inst(pb_i), rel_adr(#5), REAL;	Copieren des Werts einer Instanz-Variablen des Programmbausteins pb_i mit Relativadresse '#5' und Datentyp 'REAL' an die Spitze des Kellerspeichers (TOS: Top-Of-Stack) des virtuellen Prozessors des universellen Steuerungsmodells.

Bild 4.33: Zwischencode-Sprachkonstrukte zur Behandlung der Programmbaustein-Instanziierung

Das Programmbeispiel im Bild 4.34 zeigt die Abbildung eines Programmabschnitts mit Programmbausteinen auf den Zwischencode. Innerhalb der Programmbaustein-Typ-Beschreibung sind die Zugriffe auf die instanz-lokalen Variablen 'x', 'in_1' und 'out_1' instanz-relativ und brauchen daher im Code nicht durch besondere Adressierungsmodi gekennzeichnet werden. Im nachfolgenden Programmkontext (BEGIN .. ENDPROGRAM) hingegen wird die instanzrelative Adressierung für Zugriffe auf die instanzlokalen Variablen 'fb_2.in_1' und 'fb_1.out_1' benutzt.

Anwenderprogramm	abstrahierter universeller Zwischencode

PROGRAM example;
 	
function_block fb_a_type
(IN INT: in_1, OUT INT: out_1);
VAR
 INT: x;
BEGIN
 x := in_1;
END_FUNCTION_BLOCK;
 	
VAR
 fb_a_type: fb_1, fb_2;
 	
BEGIN
...
fb_2(in_1 := fb_1.out_1);
 	
...
 	
ENDPROGRAM;
	...
	<start_fb_a_type_code>
	
	MOVE TOS ← rel_adr(in_1), INT;
	MOVE rel_adr(x), INT ← TOS;
	DESACT;
	
	INST, fb_1, <start_fb_a_type_code>,
	{3 INT};
	INST, fb_2, <start_fb_a_type_code>,
	{3 INT};
	
	MOVE TOS ← inst(fb_1),
	 rel_adr(out_1), INT;
	MOVE inst(fb_2), rel_adr(in_1),
	 INT ← TOS;
	ACTIVATE, fb_2;
	...

	TOS: Top-Of_Stack

<u>Bild 4.34:</u> Programmbeispiel für die Abbildung des Programmbaustein-Konzepts auf den universellen Zwischencode

In diesem Programmbeispiel werden zwei Programmbausteine 'fb_1' und 'fb_2' mit demselben Typ 'fb_a_type' instanziiert. Innerhalb der Programmbausteine wird der instanzlokalen Variablen 'x' der Wert der Eingangsvariablen 'in_1' zugewiesen. Im Hauptprogramm wird der Programmbaustein 'fb_2' aktiviert und dessen instanz-lokaler Variablen 'in_1' der aktuelle Wert der instanz-lokalen Variablen 'out_1' von 'fb_1' zugewiesen.

4.4.3. Behandlung von Fehler- und Ausnahmesituationen

Die Mechanismen zur Behandlung von Ausnahme- und Fehlersituationen erfordern neben entsprechenden Erweiterungen in der Code-Schnittstelle auch Modifikationen in den Code-Abarbeitungsvorschriften eines universellen Steuerungs-Prozessors. Das Auftreten einer Fehlersituation muß hierbei automatisch zur Aktivierung eines lokalen Ausnahmebehandlungs-Programmabschnitt führen. Falls eine Fehlersituation nicht lokal in einem Unterprogramm behoben werden kann, muß automatisch ein Ausnahmebehandlungs-Programmabschnitt einer übergeordneten Instanz, beispielsweise in einem dynamischen Vorgänger-Unterprogramm aktiviert werden.

Bild 4.35 erläutert die Sprachelemente des universellen Zwischencodes, die die automatische Behandlung von Fehler- und Ausnahmesituationen ermöglichen.

Bild 4.36 zeigt die Abbildung eines Unterprogramms der durchgängigen Programmiersprache auf die Codeschnittstelle unter Berücksichtigung von Fehlerbehandlungsmechanismen.

In diesem Beispiel wird im Programm 'example' das Unterprogramm (PROCEDURE) 'p_1' mit dem aktuellen Parameter 'z' aufgerufen. In dem Unterprogramm wird zunächst im

REQUIRE-Teil geprüft, ob der formale Parameter 'z', der hier durch den Wert des aktuellen Parameters 'y' vorbelegt wird, größer Null ist. Falls nicht, wird automatisch auf den RESCUE-Teil des Unterprogramms gesprungen, ohne daß hierfür weitere Sprachkonstrukte einzufügen sind.

Auch falls im Anweisungsteil des Unterprogramms ein Laufzeitfehler auftritt (z.B. Division durch Null) oder der folgende Nachbedingungs-Teil (ENSURE) nicht erfüllt wird, wird auf den Fehlerbehandlungs-Programmabschnitt (RESCUE) gesprungen, ansonsten wird das Unterprogramm normal verlassen. Im Fehlerbehandlungs-Programmabschnitt des Unterprogramms wird die Art des aufgetretenen Fehlers angezeigt und das Unterprogramm mit gesetztem Fehlermerker verlassen.

Im Fehlerbehandlungs-Programmabschnitt des Hauptprogramms wird ebenfalls die Art eines aufgetretenen Fehlers angezeigt und eine erneute Programmaktivierung (RETRY) vorgenommen.

Sprachelement	abstrahierte Syntax	Erläuterung
Set rescue address	SET_RESC_ADR, <code-adr>;	Setzt die Code-Adresse, auf die im Fehlerfall automatisch gesprungen wird. Falls RESCUE-Teil vorhanden, auf Anfang des RESCUE-Teils, sonst auf Ende des Blocks.
Evaluate require expression	EVAL_REQUIRE;	Wertet den logischen Ausdruck des REQUIRE-Teils aus und setzt ggf. einen prozessor-internen Fehlermerker.
Evaluate ensure expression	EVAL_ENSURE;	Wertet den logischen Ausdruck des ENSURE-Teils aus und setzt ggf. einen prozessor-internen Fehlermerker.
Reset exception values	RESET_EXCEPT;	Setzt die Prozessor-Register für die Fehlerbehandlung(Fehlermerker, RESCUE-Adresse) am Ende eines Blocks im fehlerfreien Fall auf die Werte des dynamischen Vorgänger-Blocks zurück.
Get error kind	GET_ERROR_KIND;	Schreibt die Art des zuletzt aufgetretenen Fehlers auf die Spitze des prozessor-internen Kellerspeichers (TOS: Top-Of-Stack)
Retry	RETRY;	Wiederholt die Abarbeitung eines Programm- bzw. Unterprogramm-Blocks und setzt die Fehlermerker zurück.
Return with error	RETURN_ERROR;	Verlassen eines Programm- bzw. Unterprogramm-Blocks ohne Rücksetzen des Fehlermerkers.

<u>Bild 4.35:</u> Zwischencode-Sprachkonstrukte zur Behandlung von Fehler- und Ausnahmesituationen

Anwenderprogramm	abstrahierter universeller Zwischencode

PROGRAM example;
VAR
  REAL: x, y;
 	
PROCEDURE p_1(IN REAL: z);
REQUIRE
  z > 0.0;
BEGIN
  ...
  x := 1 / z;
  ...
ENSURE
  x < 10.0;
 	
RESCUE
  WRITELN(tty, 'Fehler',
    get_error_kind());
ENDPROC;
 	
BEGIN
  ...
  p_1(y);
  ...
RESCUE
  WRITELN(tty, 'Fehler',
    get_error_kind());
  ...
  RETRY;
ENDPROGRAM;
	...
	
	SET_RESCUE_ADR, <rescue_adr>;
	...
	MOVE TOS ← (z>0.0)
	EVAL_REQUIRE;
	
	...
	
	MOVE TOS ← (x<10.0)
	EVAL_ENSURE;
	RESET_EXCEPT;
	RETURN;
	<rescue_adr>:
	GET_ERROR_KIND;
	...
	RETURN_ERROR;
	
	SET_RESCUE_ADR,<p_rescue_adr>;
	
	...
	GOTO,<prog_ende>;
	<p_rescue_adr>:
	GET_ERROR_KIND;
	...
	RETRY;
	<prog_ende>:
	...

	TOS: Top-Of-Stack

<u>Bild 4.36:</u> Programmbeispiel für die automatisierte Behandlung von Fehler- und Ausnahemsituationen im Zwischencode

4.5. Zusammenfassung

Die Anforderungen, die beim Entwurf eines durchgängigen Fertigungszellen-Programmierverfahrens erwachsen, lassen sich in konzeptionelle und funktionale Bereiche unterteilen. Diese lassen sich aus Erfordernissen der Zellen- und Maschinenebene sowie aus Erfordernissen zur durchgängigen Verknüpfung dieser beiden Ebenen ableiten. Neben der Konzeption einer einzusetzenden Programmiersprache sind hierbei auch eng mit der Programmierung und Steuerung von Fertigungszellen in Zusammenhang stehende Problemstellungen wie die durchgängige Datenhandhabung, die MMS-orientierte Kommunikation zwischen fertigungstechnischen Einheiten oder auch werkstattgerechte technologie- und geometrie-orientierte Einlernverfahren zu berücksichtigen.

5. Realisierung eines durchgängigen Fertigungszellen-Programmiersystems

5.1. Gesamtsystem

Die Entwicklung von Roboterzellenprogrammen auf Basis des durchgängigen Programmierverfahrens läßt sich in mehrere Phasen unterteilen. Diese einzelnen Phsen werden teilweise zeitlich und räumlich getrennt durchgeführt und teilweise werden Phasen in mehreren Iterationsstufen durchlaufen.

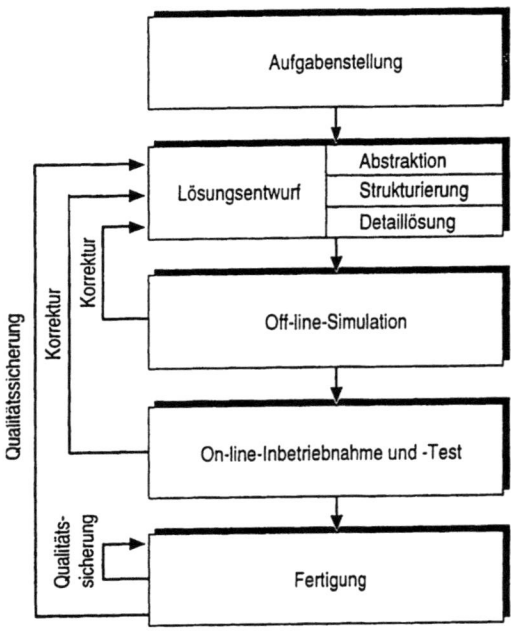

Bild 5.1: Programmentwicklungszyklus

Grundsätzlich läßt sich feststellen, daß ein Programmentwicklungsvorgang erfolgreich abgeschlossen ist, wenn der von dem erstellten Programm gesteuerte Fertigungsvorgang das zu erstellende Produkt, unter hinreichender Erfüllung sämtlicher gestellten Anforderungen eines Produktanforderungskatalogs erstellt. Die Aufgabe eines Programmiersystems ist es, den Programmerstellungsvorgang in sämtlichen Phasen zu unterstützen.

Bild 5.1 zeigt die prinzipiellen Phasen der Programmentwicklung.

Zur Erfüllung der genannten Anforderungen an ein durchgängiges Fertigungszellen-Programmierverfahren wurden im Rahmen der vorliegenden Arbeit eine Reihe von Komponenten realisiert. Im Mittelpunkt stand die Entwicklung eines Übersetzermoduls (Compiler), welches Programme, die im Eingabeformat des durchgängigen Fertigungszellen-Programmierverfahrens vorliegen auf das spezifische Eingabeformat des universellen Steuerungsmodells übersetzt.

Als Basis für die Abbildung dient ein Software-Modul, welches das Modell einer universellen Fertigungszellensteuerung nachbildet. Dieses Modul wurde zum Nachweis der Funktionsfähigkeit des Programmierkonzepts einerseits in ein Off-line-Simulationssystem sowie in eine reale Zellensteuerung eingebunden. Zur Unterstützung der Programminbetriebnahme wurde ein zusätzliches Testmodul mit anwenderfreundlicher Benutzerschnittstelle entwickelt.

5.2. Übersetzermodul

Die Aufgaben eines Übersetzermoduls zur Übersetzung von Anwenderprogrammen auf Zellen- und Maschinenebene in einen steuerungsorientierten Code lassen sich im wesentlichen in die Bereiche

- lexikalische Analyse des Quellprogramms
- syntaktische Analyse des Quellprogramms
- semantische Analyse des Quellprogramms
- Symbolverwaltung
- Erkennung und Darstellung von Progammierfehlern
- Zielcode-Erzeugung
- Erzeugung von Informationen für den Programmtest

einteilen.

Die lexikalische Analyse zerlegt das gesamte Anwenderprogramm in Schlüsselworte der Sprache ("BEGIN", "IF", "THEN", ...), benutzerdefinierte Namen ("variable_1", ...) und Sonderzeichen (";", ":=", ...) . Sie bilden die Menge der erlaubten Symbole (Terminalsymbole) der Grammatik der zu analysierenden Programmiersprache.

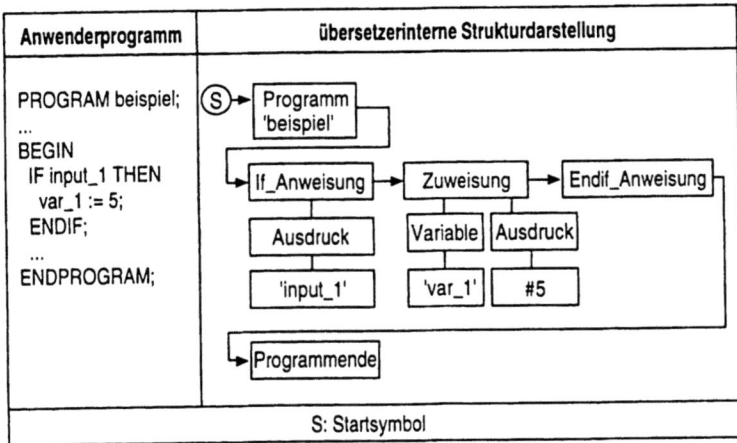

Bild 5.2: Ableitung einer übersetzerinternen Strukturdarstellung aus einem Anwenderprogramm während der Syntaxanalysephase

Die syntaktische Analyse untersucht, ob die Folge von
Terminalsymbolen des vorliegenden Anwenderprogramms sich
aus der Grammatik der Programmiersprache ableiten läßt.
Im Fehlerfalle werden entsprechende Syntaxfehlermeldungen
angezeigt, wobei die Zielsetzung verfolgt wird, möglichst
sämtliche Syntaxfehler des vorliegenden Anwenderprogramms
in einem Analysedurchgang zu erfassen und anzuzeigen. In
der syntaktischen Analysephase wird aus dem konkret vorliegenden Anwenderprogramm eine übersetzerinterne Strukturdarstellung abgeleitet (Bild 5.2), die lediglich die
für die weiteren Übersetzungsphasen (semantische Analyse,
Codeerzeugung) relevanten Informationen enthält.

In der semantischen Analysephase wird überprüft, ob formale semantische Kriterien erfüllt sind. Beispielsweise
wird geprüft, ob die Datentypen von Zielobjekt und Aus-
druck bei einer Zuweisungsoperation übereinstimmen bzw.
sich durch Umformoperationen einander anpassen lassen,
oder ob die Anzahl der aktuellen Parameter bei einem
Funktionsaufruf der Anzahl der formalen Parameter der
Funktionsdeklaration entspricht.

Die Symbolverwaltung überprüft, ob Namen eventuell feh-
lerhaft mehrfach vergeben wurden und verwaltet die Datentypen, Zielmaschinen-Speicheradressen und Zusatzinforma-
tionen der einzelnen Objekte.

In der Zielcode-Erzeugungsphase wird aus der übersetzerinternen Strukturdarstellung unter Ausnutzung von Informationen der Symbolverwaltung der Eingabe-Code des
universellen Steuerungsmodells erzeugt.

Insbesondere für die Bereiche lexikalische und syntaktische Analyse existiert eine Anzahl von Werkzeugen, welche
die weitgehend automatisierte Erstellung von entsprechenden Software-Modulen ermöglichen /44,45/.

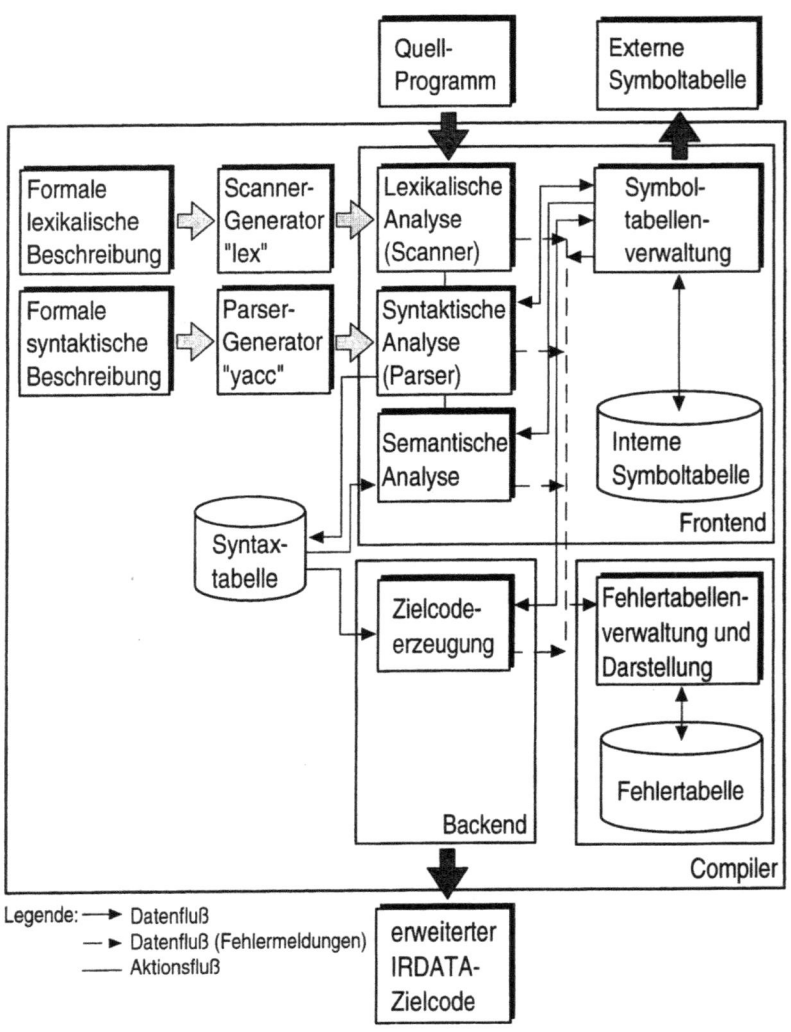

Bild 5.3: Erstellung und prinzipieller Aufbau des Übersetzers

Im Rahmen dieser Arbeit wurden hierfür die Werkzeuge LEX
/46/ und YACC /47/ eingesetzt. Bild 5.3 zeigt die Erstellung von Übersetzermodulen mit LEX und YACC sowie den
Aufbau des gesamten Übersetzers.

Bei der Erzeugung des Zielcodes bieten sich verschiedene
Varianten an. Einerseits können die spezifischen Eingabeformate von vorhandenen Robotersteuerungen, numerischen
Steuerungen und SPS erzeugt werden. Dieser Ansatz wurde
beispielsweise in /3/ bei dem Entwurf eines einheitlichen
Programmierverfahrens gewählt. Alternativen hierzu sind
die Spezifikation eines neuen Zwischencodes oder die direkte Erzeugung von prozessorspezifischem Maschinencode
der jeweils eingesetzten Zielmaschine. Diese Verfahren
scheiden allerdings wegen ihrer mangelnden Durchsetzbarkeit bzw. eingeschränkten Portierbarkeit aus.

Bei dem hier realisierten Verfahren wird auf den vorhandenen DIN 66314-Standard (IRDATA) aufgesetzt, welcher
durch Erweiterungen zur Behandlung von Instanziierungs-Mechanismen und zur effizienten Behandlung von Fehler-
und Ausnahmesituationen zu einer universellen Zellensteuerungs-Codeschnittstelle für das integrierte Roboterzellen-Programmierverfahren ausgebaut wurde.

5.3. Simulations- und Testsystem

Vor der Freigabe eines Roboterzellenprogrammes für den
automatisierten Produktionsprozeß muß dieses eine Reihe
von Prüfzyklen durchlaufen, um sicherzustellen, daß das
Programm den gestellten Anforderungskatalog hinreichend
und unter optimaler Ausnutzung der verfügbaren Ressourcen
erfüllt.

Um den gerätetechnischen und zeitlichen Aufwand hierfür
zu minimieren, werden diese Verifizierungen zunehmend

losgelöst von den eigentlichen Produktionsanlagen (off line) auf Rechnern unter Einsatz von Simulationsverfahren durchgeführt. Neben der Verifizierung der prinzipiellen Korrektheit des Programmcodes werden auch Simulationsprogramme eingesetzt, die eine näherungsweise Prüfung beispielsweise der Korrektheit von geometrie-orientierten Programmabschnitten erlauben.

Insbesondere bei Aufgabenstellungen, die eine stark technologie-bezogene oder sensorgestützte Programmabarbeitung erfordern oder auch bei hochpräzisen geometrieorientierten Aufgabenstellungen läßt sich ein zusätzlicher Online-Test beim heutigen Stand der Simulations-Technik nicht umgehen.

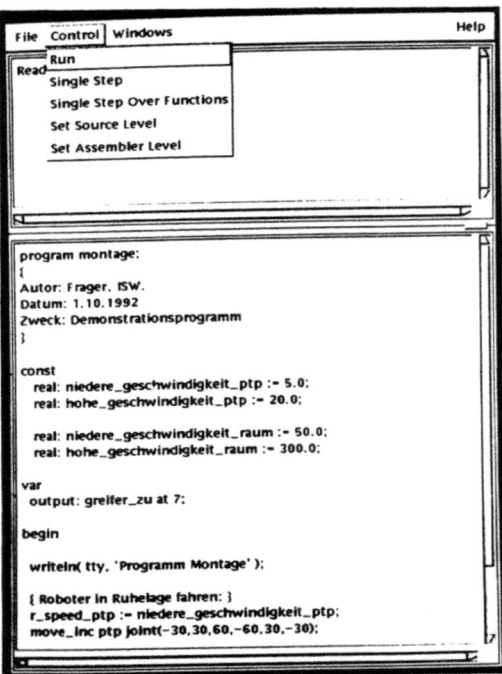

Bild 5.4: Benutzeroberfläche des Testsystems

Um die Phasen der Off-line- und On-line-Programmverifizierung möglichst durchgängig zu gestalten, wurde bei der Realisierung des integrierten Roboterzellen-Programmiersystems ein Testmodul (Debugger) erstellt, das sowohl off line als auch on line einsetzbar ist. Neben den Funktionen, die aus Testmodulen für allgemeine Hochsprachen bekannt sind, wie beispielsweise Programmabarbeitung in Einzelschritten, Setzen von Unterbrechungspunkten, Anzeigen und Ändern von Variablenwerten erlaubt dieses Testmodul das Testen von Funktionsbaustein-Instanzen sowie das Testen der Mechanismen zur Behandlung von Fehler- und Ausnahmesituationen.

Die Benutzerkommunikation des Testsystems erfolgt über eine graphische Benutzerschnittstelle nach dem OSF/Motif-Standard /48/. Bild 5.4 zeigt die Benutzeroberfläche des Testsystems mit Quellprogrammfenster, Kontrollfenster und Befehlsmenüleiste.

Zur Realisierung des Off-line-Programmtests wird dieses Testmodul an einen Interpreter zur Abarbeitung des erweiterten IRDATA-Codes über eine Schnittstelle mit beauftragbaren Funktionen angebunden. Die Anbindung des IRDATA-Interpreters an die Ein-/Ausgabemodule zur Benutzer- und Prozeßkommunikation sowie zur Technologiedaten- und Geometriedaten-Verarbeitung der Maschinensteuerungsebene erfolgt ebenfalls über Schnittstellen mit beauftragbaren Funktionen, die eine zeitliche Entkopplung der Interpreter-internen und der Ein-/Ausgabemodul-internen Bearbeitungvorgänge erlauben.

Das Geometriedaten-Verarbeitungs-Modul ist off line an ein graphisches Simulationssystem /8/ angebunden, welches die geometrischen, kinematischen und dynamischen Eigenschaften ausgewählter Industrieroboter sowie die Zellengeometrie nachbildet. Bild 5.5 gibt einen Überblick über

die Verbindung der einzelnen Module des Off-line-
Programmier- und Testsystems.

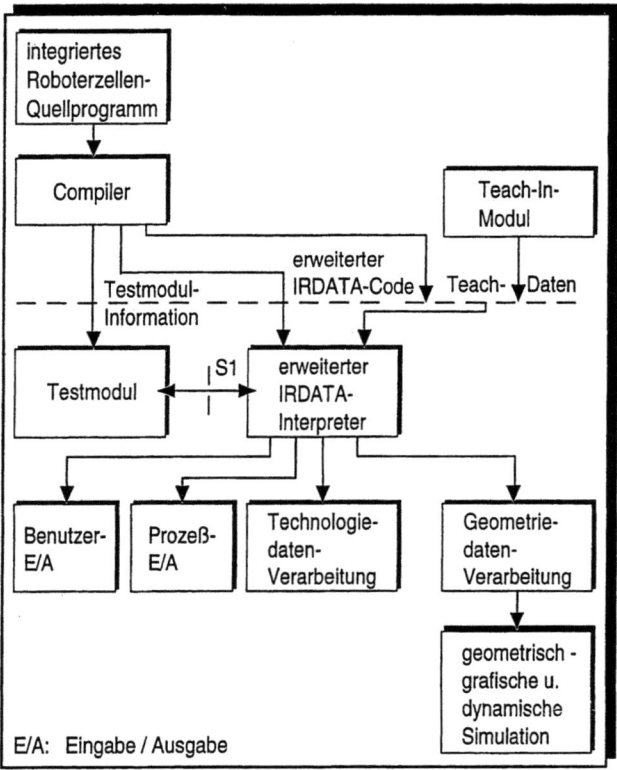

Bild 5.5:   Zusammenwirken der Module zum Off-line-
Programmtest

5.4.   **Einsatz in einer realen Roboterzellensteuerung**

Der Portierung des Programmier- und Laufzeitsystems des
durchgängigen Roboterzellen-Programmierverfahrens auf eine reale Roboterzellensteuerung liegt das selbe Konzept

wie bei der Kombination der Module zum Off-line-Programmtest nach Bild 5.5 zugrunde.

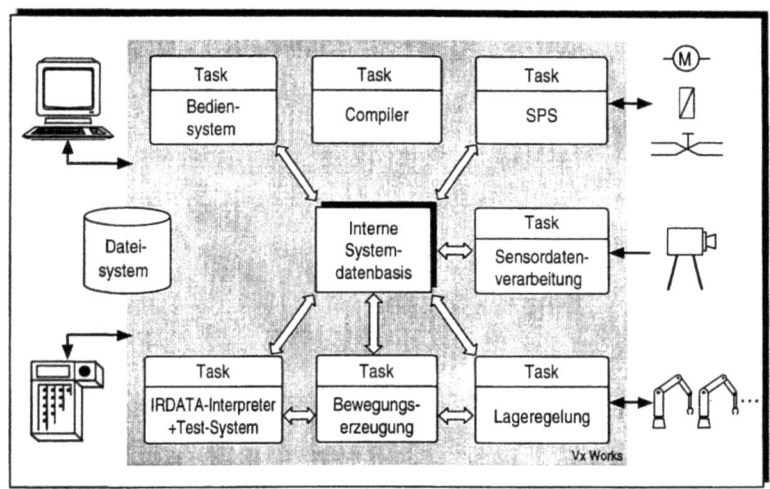

B·ld 5.6: Roboterzellensteuerung mit Compiler und Laufzeitsystem (erweitertes IRDATA) des integrierten Roboterzellen-Programmierverfahrens

Die gewählte Roboterzellensteuerung basiert auf dem Konzept einer Robotersteuerung nach /49/, welche unter einem echtzeit- und mehrprozeßfähigen Betriebssystem /50/ betrieben wird, das für unterschiedliche Prozessortypen verschiedener Hersteller verfügbar ist.

Der Einsatz des erweiterten IRDATA-Laufzeitsystems erweitert diese Robotersteuerung zu einer Fertigungszellensteuerung.

Da das realisierte Programmier- und Laufzeitsystem des durchgängigen Roboterzellen-Programmierverfahrens ebenfalls in einer verbreiteten, portablen Programmiersprache erstellt wurde, ist eine einfache Portierung auf unterschiedliche Hardware-Plattformen möglich. Bild 5.6 zeigt die Integration des Programmiersystems (Compiler) und des Laufzeitsystems (IRDATA-Interpreter) in eine reale Roboterzellensteuerung unter Einsatz eines echtzeit- und mehrprozeßfähigen Betriebssystems.

6. Zusammenfassung

Der Markt für industriell erstellte Güter unterliegt einem ständigen Wandel im Hinblick auf seine Bedarfe und Qualitätsanforderungen. Die sich daraus ableitenden Anforderungen an die Leistungsfähigkeit, Effizienz und Flexibilität von Fertigungsbetrieben lassen sich zukünftig nur durch Anwendung von entsprechend flexiblen Fertigungsstrukturen- und methoden verwirklichen. Strukturierungskonzepte für flexibele Fertigungsbetriebe unterteilen diese in hierarchisch abgestufte Ebenen, wobei die Fertigungszelle als autonomes Subsystem in Erscheinung tritt.

Die vorliegende Abhandlung untersucht Programmierkonzepte für roboterbestückte Fertigungszellen innerhalb von strukturierten Fertigungsbetrieben. Ziel dieser Arbeit war die Entwicklung eines Programmierverfahrens für roboterbestückte Fertigungszellen, das die auf Zellen- und Maschinensteuerungsebene anfallenden Programmieraufgabenstellungen in einem durchgängigen Konzept lösbar macht. Ein besonderer Schwerpunkt wurde hierbei auf die Praxistauglichkeit und Durchsetzbarkeit gelegt, weshalb bei der Konzeption des durchgängigen Fertigungszellen-Programmierverfahrens so weit als möglich auf derzeit entstehende Normen zur Roboter- und SPS-Programmierung sowie zur Kommunikation aufgesetzt wurde.

Das realisierte Programmiersystem wurde innerhalb eines graphischen Off-line-Simulationssystems und für die Programmierung realer Roboterzellen eingesetzt, wodurch seine Tauglichkeit sowohl im Bereich der Arbeitsvorbereitung als auch im werkstattnahen Bereich aufgezeigt werden konnte.

7. Literaturverzeichnis

/1/ Pritschow, G. Automatisierungstechnik - Eine ganzheitliche steuerungstechnische Aufgabe.
In: Produktionstechnisches Kolloquium Berlin 1989.
München, Wien: Carl Hanser Verlag, 1989

/2/ N.N. Normung von Schnittstellen für die rechnerintegrierte Produktion (CIM).
DIN Fachbericht 15.
Berlin, Köln: Beuth Verlag, 1987

/3/ Schumacher, H. Einheitliche Programmierung von Automatisierungskomponenten roboterbestückter Bearbeitungs- und Montagezellen.
Berlin, Heidelberg, New York: Springer-Verlag, 1991

/4/ N.N. DIN 66025: Programmaufbau für numerisch gesteuerte Arbeitsmaschinen,
Teil 1 und 2: Wegbedingungen und Zusatzfunktionen.
Berlin, Köln: Beuth-Verlag 1987

/5/ N.N. Programmieren mit BAPS - Bewegungs- und Ablauf-Programmiersprache
In: Robotersteuerung Bosch rho 2
Firmenschrift Robert Bosch GmbH, 1986

/6/ N.N. DIN 66312 Entwurf, Teil 1. Industrial Robot Language (IRL).
Berlin: Beuth-Verlag, 1992

/7/ N.N. DIN IEC 1131. Speicherprogrammierbare Steuerungen.
Teil 3: Programmiersprachen. Entwurf
Berlin: Beuth-Verlag, 1992

/8/ Angerbauer, R. FTS-Anwerderprogrammierung in IRL.
FTS-Fachtagung, Dortmund Oktober 1992

/9/ Pritschow, G. Die flexible Fertigungszelle.
wt-Z. ind. Fertig. 75 (1985) 11, S. 663-668

/10/ Häfele, K.-H. Offline Programmierung und kinematische Simulation.
KfK-Nachr. Jahrg. 22 2/90, S. 91-95

/11/ Pritschow, G.; Programmierung von roboterbestückten Produktionsanlagen.
Frager, O.;
Schumacher, H.; Robotersysteme 5 (1989),
Wieland, E. S. 47-56

/12/ Weck, M.; Benutzerfreundliche Programmie-
Eversheim, W.; rung mit dem Off-line-Program-
Zühlke, D.; miersystem ROBEX.
Niehaus, T. In: Forschungsbericht KFK-PFT
51, Höhere Programmiersprachen
für Industrieroboter, 1983

/13/ Storr, A.; Stand der Technik im Bereich
Hofmeister, W.; CAD/CAM-Kopplung.
Zirbs, J. Fertigungstechnisches Kollo-
quium Stuttgart.
Berlin, Heidelberg, New York:
Springer-Verlag, 1988

/14/ Kernighan, B.; Programmieren in "C"
Ritchie, D. München, Wien: Hanser Verlag,
1983

/15/ Jensen, K.; PASCAL: User Manual and Report.
Wirth, N. Berlin, Heidelberg, New York:
Springer-Verlag, 1976

/16/ Groha, A. Universelles Zellenrechnerkonzept
für flexible Fertigungssysteme.
Berlin, Heidelberg, New York:
Springer-Verlag, 1988

/17/ Reisig, W. Petrinetze: Eine Einführung.
Studienreihe Informatik.
Berlin, Heidelberg, New York:
Springer-Verlag, 1986

/18/ Flecken-stein, J.

Zustandsgraphen für SPS.
Graphikunterstützte Programmierung und steuerungsunabhängige Darstellung.
Berlin, Heidelberg, New York: Springer-Verlag, 1987

/19/ Pritschow, G.; Bauder, M.; Angerbauer, R.

RDL - ein Werkzeug zur Robotermodellierung.
Robotersysteme 7 (1991),
S. 213-222

/20/ Pritschow. G.; Huan, J.

Methode zur Robotersimulation unter Berücksichtigung der schwingungsfähigen Mechanik und lagegeregelten Antrieben.
Robotersysteme 5 (1989) 2,
S. 69-76

/21/ Pritschow, G.; Frager, O.

Roboterzellen-Programmierung: Die Sprache IRL und der Zwischencode ICR.
Robotersysteme 8 (1992),
S. 25-32

/22/ N.N.

DIN 66314 IRDATA: Schnittstelle zwischen Programmiersystem und Robotersteuerung.
Allgemeiner Aufbau, Satztypen und Übertragung.
DIN (in Vorbereitung)
Berlin: Beuth-Verlag

/23/ N.N.　　　　　ISO TC184/SC2/WG4 Programming methods and languages for manipulating industrial robots.
N 111 Rev.2, Important issues on PLR, 1991

/24/ Zühlke, D.　　　Offline-Programmierung numerisch gesteuerter Industrieroboter.
Fortschr.-Ber. VDI-Z. Reihe 2 Nr. 54
Düsseldorf: VDI-Verlag, 1983

/25/ Meyer, B.　　　Objektorientierte Software-Entwicklung.
München, Wien: Hanser Verlag, 1990

/26/ Lei, W.T.　　　Flächenorientierte Steuerdatenaufbereitung für das fünfachsige Fräsen.
Berlin, Heidelberg, New York: Springer-Verlag 1992

/27/ N.N.　　　　　NC-Maschinen-Datenverarbeitungsanlagen - Maschinelle Programmierung Heft 2.
NC-Maschinen und ihre Programmierung mit EXAPT.
Stuttgart: Technischer Verlag G. Grossmann, 1970

/28/ N.N. IEC/DIS 6132. Industrial automation systems -
Numerical control of machines -
Extended format and data structure.
International Organization for Standardization, 1989

/29/ Pritschow, G. CIM - Eine ganzheitliche steuerungstechnische Aufgabe.
VDI-Bericht Nr. 881.
Düsseldorf: VDI-Verlag, 1991

/30/ N.N. Manufacturing Message Specification (MMS). Part 1: Service Definition.
ISO 9506-1, 1990 (E)

/31/ N.N. Manufacturing Message Specification (MMS). Part 2: Protocol Specification.
ISO 9506-2 , 1990 (E)

/32/ N.N. Manufacturing Message Specification (MMS). Part 3: Robot Specific Message System.
ISO/DIS 9506-3 , 1990

/33/ N.N. Manufacturing Message Specification (MMS). Part 5:
Companion Standard for Programmable controllers

/34/ Blume, C.; Jakob, W.; Favaro, J.
PASRO - Pascal and C for Robots.
Berlin, Heidelberg, New York: Springer-Verlag 1987

/35/ Paul, R.P.
Robot Manipulators: Mathematics, Programming, and Control.
Cambridge, Massachusetts, London: MIT Press, 1981

/36/ N.N.
Initial Graphics Exchange Specification (IGES), Version 4.0.
National Institute of Standards and Technologie (NIST).
Washington D.C., USA, 1988

/37/ Wilson, P.R.; Kennicott, P.R.
ISO STEP Baseline Requirements Document (IPIM).
ISO/DP 10103, 1988

/38/ Gini, M.; Gini, G.
Towards Automatic Error Recovery in Robot Programms.
Lecture Notes in Computer Science, Nr. 168, S. 411-416.
Berlin, Heidelberg, New York: Springer-Verlag 1984

/39/ N.N.
Exception Handling Models in the Programming language.
ISO TC184/SC2/WG4 N75, 1991

/40/ Blume, C.
Konzeption eines Programmiersystems für Industrieroboter.
Düsseldorf: VDI-Verlag, 1987

/41/ Capkonic, F.

A quaternion representation of rotation and robot motion synthesis.
Artificial Intelligence and Information-Control System of Robots (1984), S. 105-108

/42/ Rumpf, C.

Toolkits und User Interface Design Systeme auf X-Windows.
Mitteilungen der Fachgruppe 2.1.1 "Software-Engineering" Band 10 Heft 2
Gesellschaft für Informatik 1990

/43/ Mund, A. u.a.

VDA-Flächenschnittstelle (VDAFS), Version 2.0.
VDA-Arbeitskreis CAD/CAM.
Verband der Automobilindustrie e.V. (VDA), Frankfurt, 1987

/44/ Aho, A. V.;
Sethi, R.;
Ullman, J. D.

Compilers: Principles, Techniques, and Tools.
Addison Wesley, Reading, MA., 1986

/45/ Grosch, J.

UWE-automatische Generierung effizienter Compiler.
Sonderdruck aus GMD-Jahresbericht Gesellschaft für Mathematik und Datenverarbeitung, 1988

/46/ Lesk, M. E.	LEX - A Lexical Analyzer Generator.
Computing Science Technical Report 39,
Bell Telephone Laboratories, Murray Hill, NJ, 1975

/42/ Johnson, S. C.	YACC - Yet Another Compiler-Compiler.
Computing Science Technical Report 32,
Bell Telephone Laboratories, Murray Hill, NJ, 1975

/48/ Berlage, T.	OSF/Motif und das X-Window System.
Bonn, München, Reading, MA.: Addison Wesley, 1991

/49/ Bauder, M.	Konfigurierbare Robotersteuerung mit allgemeiner Transformation.
Berlin, Heidelberg, New York: Springer-Verlag, 1992

/50/ Jöhnk,M.	VxWorks aus Sicht des Anwenders.
Design & Elektronik 7 (1991), S. 42-46

8. Anhang

8.1. Korrespondierende Begriffe des durchgängigen Programmierkonzepts und der steuerungsspezifischen Normen

Da in den entstandenen Sprachnormen teilweise ähnlich lautende Begriffe mit unterschiedlichen Bedeutungen auftauchen, wird in Tabelle A.1.1 eine Begriffsgegenüberstellung gegeben und zudem eine Zuordnung zu Begriffen gegeben, die in dieser Abhandlung gewählt wurden. In der entworfenen durchgängigen Programmiersprache wurden, soweit es keine Überschneidungen gab, Begriffe aus beiden Normen übernommen. Bei Überschneidungen wurden die Begriffe der Norm DIN 66 312 "IRL" angenommen.

Begriff in vorliegender Abhandlung	IEC 1131.3	DIN 66312 "IRL"
Strukturbaustein (SB)	CONFIGURATION, RESOURCE	-
Programmbaustein (PB)	PROGRAM, FUNCTION_BLOCK (mit Ein-/Ausgabe-Variablen)	PROGRAM
Aktivierungsbaustein (AB)	TASK	-
Unterprogramm	FUNCTION	PROCEDURE, FUNCTION
Modul	-	MODULE

Tabelle A.1.1: Korrespondierende Begriffe

ISW Forschung und Praxis

Berichte aus dem Institut für Steuerungstechnik der Werkzeugmaschinen und Fertigungseinrichtungen der Universität Stuttgart

Herausgegeben bis Band 57 von Prof. Dr.-Ing. G. Stute †
ab Band 58 Prof. Dr.-Ing. Dr. h.c. G. Pritschow

1   D. Schmid, Numerische Bahnsteuerung, 89 S., 1973
2   H. Schwegler, Fräsbearbeitung gekrümmter Flächen, 111 S., 1972
3   J. Eisinger, Numerisch gesteuerte Mehrachsenfräsmaschinen, 90 S., 1972
4   R. Nann, Rechnersteuerung von Fertigungseinrichtungen, 125 S., 1972
5   G. Augsten, Zweiachsige Nachformeinrichtungen, 140 S., 1972
6   B. Karl, Die Automatisierung der Fertigungsvorbereitung durch NC-Programmierung, 121 S., 1972
7   H. Eitel, NC-Programmiersystem, 117 S., 1973
8   E. Knorr, Numerische Bahnsteuerung zur Erzeugung von Raumkurven auf rotationssymetrischen Körpern, 131 S., 1973
9   S. Bumiller, Viskohydraulischer Vorschubantrieb, 123 S., 1974
10   K. Maier, Grenzregelung an Werkzeugmaschinen, 139 S., 1974
11   J. Waelkens, NC-Programmierung, 159 S., 1974
12   E. Bauer, Rechnerdirektsteuerung von Fertigungseinrichtungen, 138 S., 1975
13   H. König, Entwurf und Strukturtheorie von Steuerungen für Fertigungseinrichtungen, 206 S., 1976
14   H. Damsohn, Fünfachsiges NC-Fräsen, 143 S., 1976
15   H. Jetter, Programmierbare Steuerungen, 141 S., 1976
16   H. Henning, Fünfachsiges NC-Fräsen gekrümmter Flächen, 179 S., 1976
17   K. Boelke, Analyse und Beurteilung von Lagesteuerungen für numerisch gesteuerte Werkzeugmaschinen, 106 S., 1977
18   F.-R. Götz, Regelsystem mit Modellrückkopplung für variable Streckenverstärkung, 116 S., 1977
19   H. Tränkle, Auswirkungen der Fehler in den Positionen der Maschinenachsen beim fünfachsigen Fräsen, 103 S., 1977
20   P. Stof, Untersuchungen über die Reduzierung dynamischer Bahnabweichungen bei numerisch gesteuerten Werkzeugmaschinen, 118 S., 1978
21   R. Wilhelm, Planung und Auslegung des Materialflusses flexibler Fertigungssysteme, 158 S., 1978
22   N. Kappen, Entwicklung und Einsatz einer direkten digitalen Grenzregelung für eine Fräsmaschine mit CNC, 123 S., 1979
23   H. G. Klug, Integration automatisierter technischer Betriebsbereiche, 124 S., 1978
24   D. Binder, Interpolation in numerischen Bahnsteuerungen, 132 S., 1979

25 O. Klingler, Steuerung spanender Werkzeugmaschinen mit Hilfe von Grenzregeleinrichtungen (ACC), 124 S., 1979
26 L. Schenke, Auslegung einer technologisch-geometrischen Grenzregelung für die Fräsbearbeitung, 113 S., 1979
27 H. Wörn, Numerische Steuersysteme-Aufbau und Schnittstellen eines Mehrprozessorsteuersystems, 141 S., 1979
28 P. B. Osofisan, Verbesserung des Datenflusses beim fünfachsigen NC-Fräsen, 104 S., 1979
29 J. Berner, Verknüpfung fertigungstechnischer NC-Programmiersysteme, 101 S., 1979
30 K.-H. Böbel, Rechnerunterstützte Auslegung von Vorschubantrieben, 113 S., 1979
31 W. Dreher, NC-gerechte Beschreibung von Werkstücken in fertigungstechnisch orientierten Programmiersystemen, 105 S., 1980
32 R. Schurr, Rechnerunterstützte Projektsteuerung hydrostatischer Anlagen, 115 S., 1981
33 W. Sielaff, Fünfachsiges NC-Umfangfräsen verwundener Regelflächen. Beitrag zur Technologie und Teileprogrammierung, 97 S., 1981
34 J. Hesselbach, Digitale Lageregelung an numerisch gesteuerten Fertigungseinrichtungen, 111 S., 1981
35 P. Fischer, Rechnerunterstützte Erstellung von Schaltplänen am Beispiel der automatischen Hydraulikplanzeichnung, 111 S., 1981
36 U. Ackermann, Rechnerunterstützte Auswahl elektrischer Antriebe für spanende Werkzeugmaschinen, 118 S., 1981
37 W. Döttling, Flexible Fertigungssysteme – Steuerung und Überwachung des Fertigungsablaufs, 105 S., 1981
38 J. Firnau, Flexible Fertigungssysteme – Entwicklung und Erprobung eines zentralen Steuersystems, 112 S., 1982
39 A. Herrscher, Flexible Fertigungssysteme – Entwurf und Realisierung prozeßnaher Steuerungsfunktionen, 103 S., 1982
40 U. Spieth, Numerische Steuersysteme – Hardwareaufbau und Ablaufsteuerung eines Mehrprozessorsteuersystems, 115 S., 1982
41 A. Schimmele, Rechnerunterstützter Entwurf von Funktionssteuerungen für Fertigungseinrichtungen, 106 S., 1982
42 M. Sanzenbacher, NC-gerechte Beschreibung von Werkstücken mit gekrümmten Flächen, 105 S., 1982
43 W. Walter, Interaktive NC-Programmierung von Werkstücken mit gekrümmten Flächen, 112 S., 1982
44 J. Huan, Bahnregelung zur Bahnerzeugung an numerisch gesteuerten Werkzeugmaschinen, 95 S., 1982
45 H. Erne, Taktile Sensorführung für Handhabungseinrichtungen – Systematik und Auslegung der Steuerungen, 111 S., 1982
46 D. Plasch, Numerische Steuersysteme – Standardisierte Softwareschnittstellen in Mehrprozessor-Steuersystemen, 112 S., 1983
47 Z. L. Wang, NC-Programmierung – Maschinennaher Einsatz von fertigungstechnisch orientierten Programmiersystemen, 103 S., 1983
48 J. Schwager, Diagnose steuerungsexterner Fehler an Fertigungseinrichtungen, 121 S., 1983
49 P. Klemm, Strukturierung von flexiblen Bediensystemen für numerische Steuerungen, 113 S., 1984

W. Runge, Simulation des dynamischen Verhaltens elektrohydraulischer Schaltungen – Einsatz von geräteorientierten, universellen Simulationsbausteinen, 132 S., 1984

H. Steinhilber, Planung und Realisierung von Werkzeugversorgungssystemen für die NC-Bearbeitung, 126 S., 1984

R. Ohnheiser, Integrierte Erstellung numerischer Steuerdaten für flexible Fertigungssysteme, 115 S., 1984

M. Keppeler, Führungsgrößenerzeugung für numerisch bahngesteuerte Industrieroboter, 125 S., 1984

P. Kohler, Automatisiertes Messen mit NC-Werkzeugmaschinen, 129 S., 1985

K.-H. Rieger, Rechnerunterstützte Projektierung der Hardware und Software von Speicherprogrammierten Steuerungen, 123 S., 1985

G. Vogt, Digitale Regelung von Asynchronmotoren für numerisch gesteuerte Fertigungseinrichtungen, 126 S., 1985

S. Chmielnicki, Flexible Fertigungssysteme – Simulation der Prozesse als Hilfsmittel zur Planung und zum Test von Steuerprogrammen, 120 S., 1985

W. Renn, Struktur und Aufbau prozeßnaher Steuergeräte zur Verkettung in flexiblen Fertigungssystemen, 137 S., 1986

K. Harig, Quantisierung im Lageregelkreis numerisch gesteuerter Fertigungseinrichtungen, 113 S., 1986

H. Frank, Programmier- und Überwachungsfunktionen für teileartbezogene NC-Werkzeugmaschinen, 115 S., 1986

H. Möller, Integrierte Überwachungs- und Diagnose-Systeme für numerische Steuerungen, 131 S., 1986

H. Fink, Einsatz speicherprogrammierbarer Steuerungen in der Fertigungstechnik, 126 S., 1986

J. Fleckenstein, Zustandsgraphen für SPS – Grafikunterstützte Programmierung und steuerungsunabhängige Darstellung, 139 S., 1987

E. Wagner, Steuerungen von Koordinatenmeßgeräten mit schaltenden und messenden Tastsystemen, 133 S., 1987

W. Grimm, Diagnosesystem für steuerungsperiphere Fehler an Fertigungseinrichtungen, 143 S., 1987

W. Swoboda, Digitale Lageregelung für Maschinen mit schwach gedämpften schwingungsfähigen Bewegungsachsen, 141 S., 1987

G. Gruhler, Sensorgeführte Programmierung bahngesteuerter Industrieroboter, 119 S., 1987

B. Walker, Konfigurierbarer Funktionsblock Geometriedatenverarbeitung für numerische Steuerungen, 125 S., 1987

J. Mayer, Werkzeugorganisation für flexible Fertigungszellen und -systeme, 126 S., 1988

R. Lederer, Programmierung von NC-Drehmaschinen mit mehreren Werkzeugschlitten, 120 S., 1988

G. Häberle, NC-Musterprogrammierung für die rechnerintegrierte Textilfertigung, 127 S., 1988

D. Pfeiffer, Kompensation thermisch bedingter Bearbeitungsfehler durch prozeßnahe Qualitätsregelung, 135 S., 1988

W. Schmidt, Grafikunterstütztes Simulationssystem für komplexe Bearbeitungsvorgänge in numerischen Steuerungen, 141 S., 1988

M. Egner, Hochdynamische Lageregelung mit elektrohydraulischen Antrieben, 147 S., 1988

101 G. F. J. Heger, Maschinenferner Qualitätsregelkreis in flexiblen Fertigungssystemen, 134 S., 1994

102 W. Hofmeister, Objektorientiert strukturiertes Programmiersystem für NC-Mehrschlittenmaschinen, 113 S., 1994

103 A. Horn, Optische Sensorik zur Bahnführung von Industrierobotern mit hohen Bahngeschwindigkeiten, 132 S., 1994

104 U. Rentschler, Fehlertolerantes Präzisionsfügen, 128 S., 1995

105 G. Junghans, Modulares grafikunterstütztes Simulationssystem für Bearbeitungs- und Handhabungsvorgänge, 145 S., 1995

106 J. Heller, Sensorgestützte Bewegungserzeugung leitlinienloser Transportfahrzeuge, 123 S., 1995

107 E. Wieland, Anwendungsorientierte Programmierung für die robotergestützte Montage, 137 S., 1995

108 G. Ketterer, Automatisierte Inbetriebnahme elektromechanischer, elastisch gekoppelter Bewegungsachsen, 176 S., 1995

109 Th. Reibetanz, Situationsorientierte Bearbeitungsmodellierung zur NC-Programmierung 120 S., 1995

110 O. Frager, Durchgängige Programmierung von Fertigungszellen, 135 S., 1996

e Bände ISW 1 bis ISW 86 sind vergriffen.
e Bände sind im Erscheinungsjahr und in den folgenden drei Kalenderjahren zu beziehen durch den örtlichen chhandel oder durch Lange & Springer, Otto-Suhr-Allee 26-28, 10585 Berlin.

MIX
Papier aus verantwortungsvollen Quellen
Paper from responsible sources
FSC® C105338

If you have any concerns about our products,
you can contact us on
ProductSafety@springernature.com

In case Publisher is established outside the EU,
the EU authorized representative is:
**Springer Nature Customer Service Center GmbH
Europaplatz 3, 69115 Heidelberg, Germany**

Printed by Libri Plureos GmbH
in Hamburg, Germany